Stepan, Produktionsfaktor Maschine

Adolf Stepan

Produktionsfaktor Maschine

Betriebswirtschaftliche Konsequenzen aus dem Anlagenverschleiß

Springer-Verlag Berlin Heidelberg GmbH
1981

ISBN 978-3-7908-0250-4

CIP-Kurztitelaufnahme der Deutschen Bibliothek

Stepan, Adolf:
Produktionsfaktor Maschine : betriebswirtschaftl.
Konsequenzen aus d. Anlagenverschleiss / Adolf
Stepan. – Wien : Physica-Verlag, 1981.
ISBN 978-3-7908-0250-4   ISBN 978-3-662-41524-5 (eBook)
DOI 10.1007/978-3-662-41524-5

Publiziert mit Unterstützung des Fonds zur Förderung der wissenschaftlichen Forschung

Inhaltsverzeichnis

Vorwort

Im Mittelpunkt dieser Untersuchung steht die maschinelle Produktionsanlage und ihre Nutzung im maschinellen Produktionsprozeß. Ziel dieser Arbeit ist es, Ansätze zur Optimierung der Intensität der Anlagennutzung zu schaffen, wobei vor allem auf Substitutionalitätsbeziehungen im Instandhaltungsprozeß, Auswirkungen auf die Bestimmung von Ersatzzeitpunkt und Nutzungsdauer und auf das Problem der Bestimmung variabler Abschreibungen eingegangen wird.

Ein grundlegender Impuls für diese Arbeit geht von der modernen Verschleißforschung (Tribologie) aus. In letzter Zeit wurden in systematischer Weise Untersuchungen über das Verschleißverhalten von Aggregatbaugruppen (Tribosysteme), z.T. unter den Bedingungen der Praxis durchgeführt, deren Resultate eine tribologisch fundierte Reformulierung produktions- und investitionstheoretischer Aspekte des maschinellen Produktionsprozesses notwendig erscheinen lassen. Aus produktionstheoretischer Sicht ist davon die Einbeziehung des Verbrauches des Produktionsfaktors maschinelle Produktionsanlage in Kostentheorie und Kostenrechnung und aus investitionstheoretischer Sicht sind Kriterien für die Bestimmung von Ersatzzeitpunkten und der optimalen Nutzungsdauer betroffen.

Großen Dank schulde ich Herrn o.Univ.-Prof. Dkfm. Dr. Peter Swoboda, der diese Arbeit ganz wesentlich gefördert hat, und dem Fonds zur Förderung der wissenschaftlichen Forschung, der die Veröffentlichung materiell unterstützt hat. Die Arbeiten zum Manuskript waren 1979 abgeschlossen.

Graz, 1980   Adolf Stepan

I. Einführung

Bevor Anliegen und Aufbau der Arbeit präzisiert werden, sei die Problematik, die sich aus der Betrachtung maschineller Anlagen in betriebswirtschaftlichen Theorien ergibt, durch eine kurze kritische Würdigung wichtiger und typischer Ansätze, die auch für spätere Darstellungen von Relevanz sind, diskutiert.

1. Zur Problematik der Einbeziehung maschineller Anlagen in betriebswirtschaftliche Theorien

In der Produktions- und Kostentheorie wird der Einsatz maschineller Produktionsanlagen (Potentialfaktoren) unter zwei Gesichtspunkten diskutiert. Breiten Raum nehmen Untersuchungen über den Einfluß kurzfristiger Variationen in der Intensität der Nutzung auf den Verbrauch beliebig anpaßbarer Produktionsfaktoren und damit auf die Kostenverläufe der vom betrachteten maschinellen Produktionsprozeß dominierten betrieblichen Teilbereiche ein. Daneben wird aber auch untersucht, wie ein nur längerfristig anpaßbarer Bestand an maschinellen Produktionsfaktoren materiell in den Produktionsprozeß eingeht und in die auf Beobachtung kurzfristiger Schwankungen in der Intensität der Nutzung aufgebaute Produktions- und Kostentheorie einzubeziehen ist. In unserer Untersuchung konzentrieren wir uns hauptsächlich auf diese zweite Fragestellung.

Das Interesse an diesem Aspekt der Nutzung maschineller Anlagen, der in der Produktionstheorie als Substanzverzehr abgehandelt wird, wird mit dem Hinweis auf die Beeinflussung des marginalen Kostenverlaufes durch variable Abschreibungen legitimiert, deren Ermittlung in der Kostentheorie noch vielfach als Evaluierungsproblem des Substanzverzehrs gesehen wird.

Lösungen dieser Aufgaben der Produktions- und Kostentheorie können aber nur akzeptiert werden, wenn auch der Instandhaltungsprozeß in die Analyse einbezogen wird. Verschleißhemmende und regenerative Aktivitäten innerhalb des Instandhaltungsprozesses sind wesentliche Variablen zur Erklärung des Substanzverzehrs und stehen damit in engem Zusammenhang mit der Intensität der Nutzung, deren Einfluß auf den Substanzverzehr ja evident ist.

Faßt man die Intensität von Instandhaltungsaktivitäten und die Intensität der Nutzung als unabhängige Variable eines den Substanzverzehr beschreibenden Prozesses auf, erkennt man, daß auch wichtige Investitionsentscheidungen beeinflußt werden. Die aktive Gestaltung von Instandhaltungs- und Nutzungsintensitäten schlägt sich ja in der Abbildung der einem Investitionsprojekt zurechenbaren Zahlungsströme nieder. Damit ist auch aufgezeigt, daß investitionstheoretische Fragestellungen sinnvollerweise nicht isoliert von Produktions- und Kostentheorie und der Gestaltung des Instandhaltungsprozesses behandelt werden dürfen. Speziell das Ersatzproblem, aber auch das Problem der Bestimmung der optimalen Nutzungsdauer muß in diesem größeren Zusammenhang gesehen und diskutiert werden.

Da sich keine einheitliche „Potentialfaktortheorie" in der betriebswirtschaftlichen

Forschung herausgebildet hat — erst in letzter Zeit sind, durch das Instrumentarium der Kontrolltheorie stimuliert, integrale Ansätze zur Potentialfaktornutzung formuliert worden — wurden die Probleme, die die Einbeziehung maschineller Anlagen mit sich brachten, entweder isoliert einer Lösung zugeführt oder einfach als gelöst unterstellt und in den Kreis der Prämissen verwiesen.

So standen in der Investitionstheorie lange Zeit Optimierungskriterien und Optimierungstechniken im Vordergrund und weniger die gründliche Durchleuchtung der Datenstruktur. Dies scheint uns insofern belegt zu sein, als in den Modellprämissen der meisten Ansätze ein stereotyper Hinweis auf „mit zunehmender Nutzung steigende Instandhaltungs- und Betriebsstoffausgaben" nicht fehlt. Mit dieser Annahme und ihren Auswirkungen auf die Gestaltung von Investitionsmodellen werden wir uns im Laufe unserer Arbeit aber noch ausführlich und kritisch auseinandersetzen.

Ein anderes Beispiel bietet die Instandhaltungstheorie, in der vorwiegend Vor- und Nachteile präventiver und ausfallorientierter Strategien und Probleme des Instandhaltungsbetriebes diskutiert werden, aber auf die wesentlichen Substitutionalitätsbeziehungen im Instandhaltungsprozeß zwischen Wartungs- und Regenerationsaktivitäten nicht eingegangen wird. Rudimentäre Ansätze dazu finden sich lediglich bei *Männel* [1968, S. 254ff.], die aber kein Echo fanden.

Dabei bietet gerade die Offenlegung der Substitutionalitätsbeziehungen neben der Möglichkeit zur Optimalen Differenzierung des Instandhaltungsprozesses hinsichtlich der konkurrierenden Aktivitäten Wartung und Regeneration, Gelegenheit zur expliziten Berücksichtigung des Verschleißes in der Produktions- und Kostentheorie.

Für die Produktionstheorie wurde aber mehr oder minder stillschweigend von gegebenen, bereits als optimiert gedachten, Instandhaltungsprozessen ausgegangen und das Konzept der Leistungspotentiale zur Einbindung des Substanzverzehrs maschineller Anlagen in die Theorie entworfen. Die Schwierigkeiten, den Verzehr von Potentialfaktoren in die Produktions- und Kostentheorie einzubeziehen, scheinen zunächst nur in der mangelnden Teilbarkeit dieses Produktionsfaktors begründet zu sein. Als logische Konsequenz zur Überwindung dieser Unzulänglichkeit hat Gutenberg den Aggregaten Leistungspotentiale zugeordnet und auch den Ausdruck Potentialfaktoren geprägt. Gutenbergs Auffassung: „Man kann jedes Aggregat als ein Bündel von Leistungen auffassen, aus dem solange Nutzungen entnommen werden können, als sich seine Leistungsfähigkeit nicht erschöpft" [*Gutenberg*, S. 326], haben sich zahlreiche Autoren angeschlossen und ebenfalls versucht, durch Zuordnung von Nutzenbündeln, Totalkapazitäten, Anzahl von Werkverrichtungen etc. das Manko der mangelnden Teilbarkeit der Potentialfaktoren zu umgehen [*Schneider*, 1966; *Heinen; Kilger*, 1958; *Colbe/Laßmann*].

Die Problematik dieses Ansatzes wird jedoch beim Versuch der Dimensionierung des Leistungspotentials offenbar. Obwohl das Problem, geeignete Maßgrößen für das Leistungspotential eines Aggregates zu finden — wie Heinen meint — theoretisch keine unüberwindlichen Schwierigkeiten bereitet [*Heinen*, S. 252] und damit die formale Einbeziehung von Potentialfaktoren in die Produktionstheorie auch sichergestellt ist, bedeutet dies noch nicht, daß auch die Quantifizierung des Leistungspotentials gelingt.

Betrachten wir zunächst den Fall eines Aggregates mit gegebener, unveränderlicher Beanspruchung. Das Leistungspotential wird dann sehr wesentlich von der Instandhaltung für dieses Aggregat abhängen, wenn wir unter Instandhaltung einmal das Setzen von verschleißhemmenden Aktivitäten verstehen. Je langsamer der durch die Nutzung in Gang gesetzte Verschleißprozeß abläuft, desto größer wird das Leistungspotential der Anlage sein. Begreifen wir aber Instandhaltung auch als regenerative Aktivität — es werden Teile ausgetauscht und/oder reparirt — so erkennen wir, daß die Nutzungsdauer theoretisch bis ins Unendliche gesteigert werden kann und damit auch das Leistungspotential; wir verstehen das Setzen regenerativer Akte dann als Auffüllen des Leistungspotentials.

Ohne nun noch auf die weiteren Schwierigkeiten, die sich aus der Bestimmung von Preisen für die Elemente des Nutzenbündels ergeben, einzugehen, wenden wir uns vom Konzept des Leistungspotentials ab, da es zur Beschreibung und Optimierung maschineller Produktionsprozesse aufgrund der aufgezeigten Schwächen keine geeignete Grundlage ist.

Zu einer ähnlichen Einschätzung — und wir kommen damit auf die eingangs erwähnten integralen Ansätze zurück — kommt auch *Luhmer* [1975, S. 28ff.], auf dessen bemerkenswerte literaturhistorische Diskussion der Problematik ebenfalls verwiesen sei. Luhmer versucht die Lösung des Inputmessungsproblems — und daneben auch den Nachweis peripherer Faktorsubstitutionalität — auf folgende Weise. Er greift bei seinem Ansatz auf Modelle zur simultanen Festlegung von optimaler Nutzungsdauer, Inanspruchnahmeintensität und Instandhaltungsaktivitäten mittels der Kontrolltheorie zurück, die wesentlich von einer bereits 1925 publizierten Arbeit Hotellings inspiriert wurden (*Hotelling* [1925]; zur Diskussion derartiger Ansätze siehe neben Luhmer auch *Rapp* [1974] und als Bibliographie die Arbeit von *Sethi* [1978]). In seinem Ansatz untersucht Luhmer die Zusammenhänge zwischen Intensität der Nutzung und Intensität der Instandhaltung (jeweils als Kontrollvariable) im Hinblick auf die Optimierung der Kosten des maschinellen Produktionsprozesses. Als Lösung des Inputmessungsproblems schlägt er vor, die „produktionsbedingte Änderung der z-Situation" im Sinne Gutenbergs — so seine Interpretation für den Verschleiß — als Funktion von Nutzung und Instandhaltung zu betrachten und als Inputquantität zu nehmen.

Periphere Faktorsubstitutionalität ortet er zwischen „laufende(m) Faktorverzehr eines Potentialfaktor-Betriebsmittel-Aggregats und „Abschreibungen" einerseits und Instandhaltungsaufwand andererseits". Materielles Gerüst für die Abschreibungen sind dabei die erwähnten produktionsbedingten Änderungen der z-Variablen, die er zu den „Grenzkostenersparnissen" bewertet wissen will, „die man bei kostenoptimaler starrer Politik erzielen würde, wenn die zugehörigen Variablen der z-Situation in diesem Zeitpunkt erhöht würden" und die er als prix d'usage bezeichnet [*Luhmer*, 1975, S. 164f.].

Luhmers Ansatz kann jedoch aus folgenden Gründen nicht vollständig befriedigen. Zunächst wirkt sich das Fehlen eines objektiven technischen Kriteriums für das Einsetzen diskreter Instandhaltungsmaßnahmen (Reparaturen) nachteilig aus. Durch ein derartiges Kriterium ist aber sicherzustellen, daß eine Produktionsanlage auch ständig den Mindestanforderungen, abgeleitet aus den Produktionsaufgaben, für die es ursprünglich bereitgestellt wurde, entspricht. Werden diskrete Instandhaltungsmaßnahmen nur gesetzt, wenn ein Wirtschaftlichkeitskriterium hinsichtlich der Balance zwischen abnutzungsbedingt steigenden Betriebsstoffverbrauches und Reparaturkosten erreicht ist, tritt in den meisten Fällen wegen der abnehmenden Qualität der Maschinenleistung eine „stille" Desinvestition der Anlage aus z.B. der Kategorie der Präzisionsanlagen und gleichzeitig damit eine ebenso stille Investition in eine Kategorie für Produktionsaufgaben mit niedrigeren Qualitätsansprüchen ein.

Auch seiner Darstellung substitutionaler Zusammenhänge zwischen Instandhaltung, vor allem diskreter Art und variablen Abschreibungen kann nicht zugestimmt werden. Es ist zu bedenken, daß der Preis für das materielle Gerüst der Abschreibungen, den Verschleiß, bereits durch Instandhaltungszahlungen berücksichtigt ist.

Eine zusätzliche Bewertung mit dem prix d'usage scheint damit nicht mehr vertretbar zu sein und außerdem im Hinblick auf eine entscheidungsorientierte Kostenrechnung Probleme für die Zurechnung zu Produktgrenzkosten in sich zu bergen.

Eine investitionstheoretische Begründung variabler Abschreibungen als produktbezogene Grenzkosten aus der Nutzung von Potentialfaktoren steht in der Arbeit von *Swoboda* [1979] im Vordergrund. Hier wird untersucht, welche Änderungen der Kapitalwert eines Investitionsprojektes bzw. einer Kette von Investitionsprojekten erfährt, wenn die Intensität der Nutzung kurzfristig infinitesimal variiert wird und dadurch auch die optimale Nutzungsdauer beeinflußt wird [*Swoboda*, 1979]. Swoboda kommt dabei zu dem interessanten Ergebnis, daß als Ursache variabler Abschreibungen, abgesehen von Spezialfällen, nur steigende produktmengenabhängige Auszahlungen — wohl im wesentlichen für die Instandhaltung — anzusehen sind.

Die Problematik dieses Ansatzes liegt vor allem in den bereits eingangs erwähnten Modellprämissen über die Einbeziehung des Verschleißes und damit in den Annahmen über den Verlauf von Auszahlungen für die Instandhaltung begründet. Wir wollen an dieser Stelle jedoch der ausführlichen Diskussion dieses Ansatzes nicht vorgreifen und verweisen dazu auf Abschnitt III.

2. Problemstellung und Gang der Untersuchung

Durch die Nutzung eines Aggregates werden Verschleißprozesse in Gang gesetzt, die umso rascher ablaufen, je intensiver die Nutzung erfolgt und umso langsamer, je intensiver verschleißhemmende Aktivitäten gesetzt werden.

Bei analytischer Betrachtung der Verschleißteile und der entsprechenden Verschleißprozesse eines Potentialfaktors auf tribologischer Grundlage ergeben sich überraschende Konsequenzen für die Beschreibung und Optimierung des maschinellen Produktionsprozesses. Zunächst erscheint eine undifferenzierte Einbeziehung von Instandhaltungsausgaben in produktions- und investitionstheoretische Analysen unhaltbar. Unterscheidet man innerhalb des Instandhaltungsprozesses zwischen verschleißhemmenden Wartungsaktivitäten und regenerativen Aktivitäten wie Ersatz oder Reparatur von Komponenten, so bewirkt eine Investition in Wartungsaktivitäten Einsparungen am regenerativen Sektor, da mit Lebensdauerverlängerungen für die von der höheren Wartungsintensität betroffenen Komponenten gerechnet werden kann. Bei gegebener, aus der Intensität der Nutzung abgeleiteter Belastung eines Verschleißteiles ist damit eine substitutionale Beziehung zwischen den beiden aggregierten Faktoren der Instandhaltung, Wartung und Regeneration, feststellbar, die das Aufsuchen einer Minimalkostenfunktion herausfordert. Letztlich führt dies zur Formulierung von Verschleißfaktorverbrauchsfunktionen mit der Intensität der Nutzung als unabhängiger Variablen.

Nach Aggregation der Verschleißfaktorverbrauchsfunktion mit den Verbrauchsfunktionen für die am Produktionsprozeß beteiligten Repetierfaktoren (zum Begriff der Repetierfaktoren siehe *Heinen* [1978, S. 223]), kann die kostenminimale Intensität der Nutzung für die jeweilige Produktionsaufgabe ermittelt werden. Diese Vorgangsweise ist mit der Formulierung der Produktionsfunktion vom Typ *B* durch Gutenberg bereits vorgezeichnet, aber für Verschleißfaktoren nicht konsequent praktiziert worden. Wir verzichten in unserer Arbeit auf die Darstellung der Theorie Gutenbergs und verweisen dazu auf seine fundamentalen Ausführungen [*Gutenberg*, S. 326ff.].

Ein erstes Anliegen dieser Arbeit kann damit definiert werden. Es ist herauszuarbeiten, unter welchen Bedingungen die explizite Einbeziehung des Verschleißes in die Produktionstheorie möglich ist und wie konkrete Beispiele zur Entwicklung von Verschleißfaktorverbrauchsfunktionen aussehen könnten.

Wesentlich für die Erfassung des Verschleißes von Potentialfaktoren ist dabei die disaggregierte Betrachtung des Potentialfaktors, d.h. die isolierte Betrachtung jedes Verschleißsystems. Wir folgen damit auch Pressmar, der dazu festgehalten hat, „Theoretisch einwandfrei ist der Faktorverbrauch nur dann zu erfassen, wenn die einzelnen Verschleißteile gesondert betrachtet werden" [*Pressmar*, S. 124]. Weitere Notwendigkeiten zur Formulierung von Verschleißfaktorverbrauchsfunktionen sind die Einbeziehung differenzierter Verschleißkriterien, bei deren Erreichen ein Verschleißfaktor (Tribosystem) regeneriert werden muß und die Formulierung eines geeigneten Maßes für die Intensität der Nutzung, das sowohl im physikalisch-technischen als auch im ökonomischen Bereich als Basis für Quantifizierungen dienen kann.

Die simultane Analyse des Verschleiß- und Instandhaltungsprozesses wirft aber noch eine weitere interessante Frage auf. Das Resultat der Optimierung des Verschleißprozesses als Funktion der Intensität von Nutzung und Wartung läßt für den einzelnen Verschleißfaktor einen relativ stabilen Erwartungswert für die Nutzungsdauer (Standzeit) erwarten. Wenn Regenerationsereignisse aber dadurch annähernd zyklisch wiederkehren, ist nicht einzusehen, warum mit zunehmender Nutzungsdauer von Anlagen — abgesehen von inflationären Tendenzen — mit steigenden Instandhaltungskosten, wie dies gewöhnlich in Modellen zur Bestimmung der optimalen Nutzungsdauer oder des optimalen Ersatzzeitpunktes der Fall ist, gerechnet wird.

Zweites Anliegen dieser Arbeit ist es daher, die Modellprämissen herkömmlicher Investitionsmodelle im Hinblick auf die Einbeziehung des Verschleißes kritisch zu überprüfen und Alternativen zur Einbeziehung des Verschleißes in die Investitionsrechnung zu entwickeln. Durch die zyklische Wiederkehr von Regenerationsereignissen treten zwar Regenerationsauszahlungen in wechselnden Kumulierungen über der Zeitachse auf, aber sie lassen insgesamt keinen steigenden Trend im Zeitablauf erwarten.

Diese Beobachtung führt zur Formulierung von Kriterien für den Anlagenersatz und zur Bestimmung der optimalen Nutzungsdauer, die von einfachen Beobachtungen des Verschleißzustandes und den zu erwartenden Regenerationsauszahlungen ausgehen.

Letztlich ist noch zu untersuchen, welche Konsequenzen sich für die Ermittlung und Verrechnung von variablen Abschreibungen ergeben, wenn der Verschleiß bereits (nahezu) vollständige Berücksichtigung durch die Verrechnung von Instandhaltungsausgaben gefunden hat. Insbesondere ist zu untersuchen, ob nicht genaue Analysen der

Instandhaltungsfunktionen komplexe investitionstheoretisch fundierte Berechnungen
variabler Abschreibungen ersetzen sollten und ob die in der Kostenrechnung übliche
gleichzeitige Verrechnung von Abschreibungen und Instandhaltungen nicht zu Mehr-
fachverrechnungen von Verschleißkosten führt.

Abschließend sei vermerkt, daß wir, um unsere Betrachtungen nicht in jedem Einzelfall bis zur Unverbindlichkeit allgemein zu halten, als gedanklichen Hintergrund das
System Werkzeugmaschine eingeführt haben. — Einmal ist es aus einzelwirtschaftlicher
Sicht gesehen, wohl ein hinreichend interessantes Erkenntnisobjekt und außerdem
sind Ergebnisse der tribologischen Forschung, die sich zum Erklären von Verschleißprozessen im System Werkzeugmaschine eignen, wenn schon nicht überreichlich, so
doch für eine formale Analyse in einem zufriedenstellenden Ausmaß vorhanden.
Durchaus verallgemeinerbar im Hinblick auf alle denkbaren und betriebswirtschaftlich
interessierenden Potentialfaktoren ist jedoch die Systematik der Vorgangsweise der
nachfolgenden Untersuchung.

II. Verschleißfaktorverbrauchsfunktionen

1. Eine verschleißorientierte Betrachtung von Potentialfaktoren und Instandhaltung

Da die Hypothese über die Existenz bzw. Bestimmbarkeit eines Nutzenbündels für
Potentialfaktoren nur eine formale Einbeziehung der Nutzung von maschinellen Betriebsmitteln in die Produktions- und Kostentheorie ermöglicht und kaum zu opera-
tionalen Ansätzen führt, wird im folgenden versucht, die Nutzung von Potentialfaktoren unter Zuhilfenahme von quantifizierbaren Verschleißprozessen zu analysieren.

Gutenberg hat den Verschleiß zwar letztlich nicht explizit in seinem Theorienge-
bäude berücksichtigt, aber die Zusammenhänge zwischen Nutzung und Verschleiß sehr
deutlich formuliert: „Nun ‚zehrt' aber jede Leistung, die ein Betriebsmittel abgibt, ge-
wissermaßen an seiner Substanz, und zwar insofern, als die Leistungs- oder Nutzungs-
abgabe das molekulare Gefüge des Betriebsmittels belastet, das heißt, Verschleiß verursacht. Jeder abgegebenen Leistung steht also ein bestimmter ‚Substanzverzehr' gegenüber." [*Gutenberg*, S. 326.]

Die Quantifizierung dieses „Substanzverzehres" als Folge der Nutzung kann durch
die Beobachtung und Beschreibung von Verschleißprozessen unter folgenden Voraussetzungen gelingen:

— Disaggregation des Komplexes Potentialfaktor (Maschine) in nutzungsabhängig und
  nicht nutzungsabhängig verschleißende Komponenten,
— Erfassung der Wirkungen verschleißhemmender Aktivitäten (Wartung) auf den Verschleißprozeß nutzungsabhängig verschleißender Komponenten,
— Definition eines Verschleißkriteriums für alle Komponenten, bei dessen Erfüllung
  eine Regeneration des betreffenden Bauteiles notwendig wird (Reparatur, Ersatz),
— Definition der Leistungsabgabe (Nutzen) als maschinenspezifischer Output pro Zeiteinheit (Spanvolumen/Zeiteinheit z.B.), der als Funktion der Aktionsparameter der

Maschinenbedienung (Schnittgeschwindigkeit, Vorschub und Schnittiefe etwa) begriffen werden muß.

Die Notwendigkeit zur Disaggregation des Komplexes Maschine ist dadurch gegeben, daß sich Verschleißprozesse nur an einzelnen Maschinenelementen bzw. Baugruppen messen lassen. Ein Versuch, aus der Aggregation der einzelnen Verschleißprozesse etwa ein globales Verschleißpotential für einen Potentialfaktor als Analogon zum Nutzenbündel zu konstruieren, muß jedoch scheitern, da die qualitativ sehr unterschiedlichen Maßgrößen der Verschleißmessung keine Aggregation zulassen.

Weiters hängt der Verlauf des Verschleißprozesses an einzelnen Komponenten sehr wesentlich von den in bestimmten Grenzen frei wählbaren Intensitäten der Instandhaltung und der Nutzung ab. Daraus ergibt sich die Notwendigkeit der expliziten Berücksichtigung der Wirkungen verschleißhemmender Aktivitäten für die Ermittlung des „Substanzverzehrs".

Der differenzierten Betrachtung des maschinenspezifischen Outputs kommt dabei große Bedeutung zu. Jeder Leistungsabgabe (Produktionsvolumen je Zeiteinheit) geht die Wahl von Parametern der Maschinenbedienung voraus, die in der Regel zumindest peripher substituierbar sind. So ist es beispielsweise möglich, mit einem Personenkraftwagen eine bestimmte Strecke mit einer bestimmten Geschwindigkeit zu durchfahren und dabei mehrere Übersetzungsverhältnisse des mechanischen Schaltgetriebes zu benutzen, oder auch nur ein einziges Übersetzungsverhältnis — auch für alle notwendigen Anfahrvorgänge — zu wählen. Von der Entscheidung, wie lange mit welchem Übersetzungsverhältnis gefahren wird, um eine gegebene Strecke in einer bestimmten Zeit zu bewältigen, hängt nun nicht nur der Verbrauch an Repetierfaktoren, sondern auch das Ausmaß des Verschleißes bestimmter Maschinenelemente ganz wensetlich ab.

Ein für einzelwirtschaftliche Fragestellungen des industriellen Produktionsprozesses bedeutsames Beispiel ist die Nutzung zerspanender Werkzeugmaschinen. Ein bestimmtes Spanvolumen je Zeiteinheit als zu fordernder maschinenspezifischer Output pro Zeiteinheit für die Bewältigung einer Produktionsaufgabe kann durch unterschiedliche Wertkombinationen für die Aktionsparameter der Maschinenbedienung — Spantiefe, Vorschub und Schnittgeschwindigkeit — erreicht werden. Die Realisierung einer bestimmten Kombination determiniert dann Einstellwerte, wie Drehzahl, Vorschubgeschwindigkeit etc. und das Auftreten von Lastkollektiven bestimmter Größe (Schnittkräfte z.B.). Diese Bewegungsgrößen und Kräfte können als Variable zur Beschreibung von Verschleißprozessen an den betroffenen Bauteilen herangezogen werden.

Sind diese Zusammenhänge zwischen Produktionsgeschwindigkeit (maschinenspezifischer Output je Zeiteinheit) und den den Verschleißprozeß beschreibenden Variablen funktional erfaßt und ist für die einzelnen Verschleißkomponenten des Potentialfaktors ein Verschleißkriterium gegeben, bei dessen Erfüllung reagiert werden muß, kann ein Faktoreinsatz in Abhängigkeit von der Intensität der Nutzung und der Intensität verschleißhemmender Aktivitäten angegeben werden.

Für eine im produktionstheoretischen Sinne effiziente Maschinennutzung bei gegebenen Anpassungsstrategien und gegebener Faktorbewertung ist dann ein Minimalkostenproblem unter Einschluß sowohl der Aktionsparameter der Maschinenbedienung als auch der Intensität der Instandhaltung zu lösen.

Bevor darauf näher eingegangen werden kann, sind noch notwendige Präzisierungen der Begriffe Potentialfaktor und Instandhaltung unter dem Aspekt einer verschleiß-orientierten Betrachtung zu geben.

1.1 Die moderne Verschleißforschung (Tribologie) und ihre ökonomische Relevanz

1.1.1 Das ingenieurwissenschaftliche und das volkswirtschaftliche Interesse an der Verschleißforschung

Der Berücksichtigung von Verschleißprozessen kommt in den technisch-naturwis-senschaftlichen Disziplinen große Bedeutung zu.

Wesentlich für die Konstruktion von maschinellen Anlagen und für die Werkstoff-wahl ist die genaue Kenntnis von Kennwerten der Reibung und von Möglichkeiten, das Reibverhalten durch Schmierung zu beeinflussen. So wird bei der Übertragung von Be-wegungen und Kräften bei formschlüssigen Konstruktionen (z.B. Gleitführungen, Lage-rungen, mechanische Getriebe) versucht, die zwangsläufig auftretende Reibung zu mi-nimieren, während bei kraftschlüssiger Bauweise (Friktionsgetriebe, Kupplung, Auto-reifen, aber auch Bremsen u.ä.m.) versucht wird, die Reibung zu maximieren bzw. unter dem Eindruck des Verschleißes zu optimieren. (In das Optimierungskriterium dürfte dabei in vielen Fällen eine dem Benutzer noch zumutbare Lebensdauer, die oft auch von der Lebensdauer der Konkurrenzprodukte abhängt, eingehen. Für derartige Fragestellungen, die durchaus bereits einzelwirtschaftliche Fragestellungen berühren, sei auf *Röper* [1976] verwiesen, der empirisches Material ausgewertet hat.)

Für die Behandlung aller im Zusammenhang mit Reibung, Schmierung und Ver-schleiß auftretenden Fragestellungen hat sich international ein interdisziplinäres For-schungsgebiet, die Tribologie (Reibungslehre), herausgebildet. Die in den Ingenieurwis-senschaften auftretenden Fragen werden dabei in Zusammenarbeit mit Physikern, Chemikern, Mathematikern u.a.m. einer systematischen Bearbeitung unterzogen.

Eine technische Systematisierung von Verschleißprozessen und deren Untersuchung ist sehr komplex. Ausgehend von der Verschleißart (Gleit-, Wälz-, Stoß-, Schwingver-schleiß jeweils mit und ohne Schmierung, aber auch hydroabrasiver und erosiver Ver-schleiß u.ä.m.) wird entweder direkt oder über den zu erwartenden Verschleißmecha-nismus (adhäsiver, abrasiver, ablativer und Ermüdungsverschleiß) auf die vielfältigen Verschleißerscheinungsformen (Riefen, Abrieb, Abblätterung, Ausbrechungen, Mul-den, Auswaschungen usw.) geschlossen.

Wesentlich für die erfolgreiche Analyse eines Verschleißprozesses ist dabei, daß nicht ein interessierendes Maschinenelement allein betrachtet wird, sondern das jewei-lige tribotechnische System, in das ein Maschinenelement eingebunden ist. In Abbil-dung 1 sind die Grundelemente eines tribotechnischen Systems aus ingenieurwissen-schaftlicher Sicht dargestellt [*Uetz/Föhl*].

Die Elemente 1 bis 3 sind durch die Bauart eines Aggregates gegeben. Im Rahmen von Instandhaltungsaktivitäten können diese Elemente beeinflußt bzw. auch zum Teil umgestaltet werden (Erneuerung einer Lauffläche mit einem anderen, als dem Original-werkstoff, Verwendung neuer Schmierstoffe etc.). Innerhalb eines Instandhaltungs-intervalles sind die Elemente 1 bis 3 unveränderlich gegeben und damit ihre Eigen-

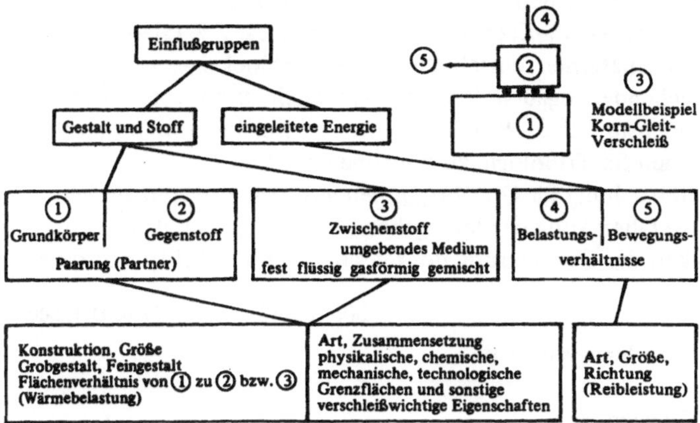

Abb. 1: Verschleißsystem und dessen 5 Grundelemente

schaften als Datum hinzunehmen. Im Gegensatz dazu sind die Elemente 4 und 5 aus den Aktionsparametern der Maschinenbedienung abzuleiten. Bei funktionaler Darstellung eines quantitativ beschreibbaren Verschleißprozesses kommt daher den Elementen 1 bis 3 die Rolle von Parametern, den Elementen 4 und 5 hingegen die Rolle unabhängiger Variablen zu, während die durch den Verschleißmechanismus determinierte Maßgröße des Verschleißes die Rolle der abhängigen Variablen einnimmt.

Oft wird in dieser weit verbreiteten Darstellung eines Tribosystems noch die Umgebung, das Umfeld des Tribosystems, als weiteres parametrisches Element explizit aufgenommen [Forschungsbericht Tribologie, S. 20; *Czichos*, S. 109].

Erstaunlich ist allerdings, daß verschleißhemmende Maßnahmen, wie kontinuierliche Reinigung des Zwischenstoffes bzw. planmäßige Erneuerung des Zwischenstoffes keine Aufnahme in die Einflußgruppen findet. Mit zunehmender Dauer des Verschleißprozesses verändert sich vor allem die Qualität des Zwischenstoffes in einer Art und Weise, die erheblichen Einfluß auf das Ausmaß des Verschleißes nimmt und einen regelmäßigen Austausch des Zwischenstoffes erfordert. Da die hier angesprochenen Modelle von Tribosystemen bezüglich des Zwischenstoffes statischen Charakter aufweisen, genügen sie einer betriebswirtschaftlichen Betrachtungsweise im allgemeinen nicht.

Um betriebswirtschaftliche Relevanz zu erreichen, muß die Analyse von Verschleißsystemen um die Dimension der Instandhaltung erweitert werden.

Bevor jedoch auf betriebswirtschaftliche Fragen der Tribologie eingegangen wird, seien noch einige globale, auch aus energiewirtschaftlicher Sicht interessante ökonomische Daten präsentiert, die die heute gegebene intensive Beschäftigung mit der Tribologie verständlich macht.

Eine wesentliche Förderung hat das Fach Tribologie durch das volkswirtschaftlich beachtliche Ausmaß an Verlusten durch vermeidbaren Anlagenverschleiß erfahren. So ist z.B. einem Forschungsbericht des Ministeriums für Forschung und Technologie der BRD zu entnehmen, daß „die durch Reibung und Verschleiß bedingten volkswirtschaftlichen Verluste mit mehr als 10 Mrd. DM/Jahr für 1975 etwa 1 % des Bruttosozialprodukts (1975: BSP 1.042,2 Mrd. DM)" erreichen [Forschungsbericht Tribologie,

S. 13]. Für die USA werden in diesem Bericht für das Jahr 1974 sogar 7 % des Bruttosozialprodukts angegeben und für Großbritannien im Jahr 1960 ca. 2 % (siehe Tabelle 1). Für alle anderen Industrienationen, einschließlich des Ostblockes — so der zitier-
te Bericht —, fehlen entsprechende Angaben, jedoch dürfte auch zumindest in der
DDR die wirtschaftliche Dimension dieses Problemes erkannt worden sein, da „jeder
Betrieb einen Verantwortlichen für Tribologie zu benennen hat".

Abschließend sei die Untersuchung für Großbritannien aus dem zitierten Bericht
wegen ihrer aufschlußreichen Gliederung wiedergegeben (Tabelle 1), die als eindrucks-
voller Beleg für die Wichtigkeit der Optimierung des maschinellen Produktionsprozesses gelten kann.

	Mio. Pfund/Jahr	Mrd. DM/Jahr
Reduzierung des Energieverbrauchs durch verringerte Reibung	28	0,3
Verringerung der Produktions-Grundkosten	10	0,1
Einsparungen an Schmierstoffkosten	10	0,1
Einsparungen an Instandhaltungs- und Ersatzteilkosten	230	2,6
Einsparungen an Verlusten, die auf Betriebsstörungen zurückzuführen sind	115	1,3
Einsparungen an Anlagenkosten durch höhere Nutzungsgrade und größeren mechanischen Wirkungsgrad	22	0,3
Einsparungen an Anlagenkosten durch erhöhte Lebensdauer der Betriebsanlagen	100	1,1
Insgesamt	515	5,8

Tab. 1: Geschätzte Einsparungen durch verbesserte Maßnahmen auf dem Gebiet der Tribologie
in Großbritannien (1960)

1.1.2 Das betriebswirtschaftliche Interesse an der Verschleißforschung

Für die im Rahmen dieser Arbeit bedeutsamen einzelwirtschaftlichen Problemstellungen sind die obigen, sicherlich beeindruckenden volkswirtschaftlichen Angaben nur
von peripherem Interesse und werden daher auch keiner weiteren kritischen Betrachtung unterzogen. Auch die optimale Auslegung von maschinellen Anlagen unter Verwendung von tribologischen Forschungsergebnissen interessiert hier nicht, wiewohl
nicht übersehen werden darf, daß unter dem Aspekt eines potentialfaktorproduzieren-
den Betriebes dabei wichtige und interessante betriebswirtschaftliche Probleme auf-
tauchen. Von Interesse für diese Arbeit ist lediglich, daß durch die Darstellung der Abhängigkeiten zwischen Verschleiß und Intensität der Beanspruchung eines Verschleißsystems (Tribosystems) es möglich wird, den materiellen Substanzverzehr in die Produktionstheorie einzubeziehen.

Durch die Einbeziehung des Substanzverzehres von Potentialfaktoren via Verschleißprozesse wird auch eine Dynamisierung der Produktionstheorie erreicht.

Da die Faktoreinsatzmenge für den Substanzverzehr am Potentialfaktor von der
Intensität der Nutzung und der Instandhaltung abhängt, ist auch der Ersatzzeitpunkt
für ein dem Verschleiß unterliegendes Subaggregat von der Anpassungsentscheidung —
der Wahl der Produktionsgeschwindigkeit und der Produktionsbedingungen, wie ver-

schleißhemmende Aktivitäten — abhängig. Auch setzt prinzipiell jeder Ersatz eines Subaggregates (Verschleißteils) eine Investitionsentscheidung voraus, der umsomehr Beachtung geschenkt werden muß, je höher die damit verbundenen Kosten sind.

So können der notwendig werdende Ersatz der Hauptspindellagerung oder der Gleitführungen einer Präzisionsdrehbank wegen der damit verbundenen hohen Kosten, aber auch eine Vielzahl von kleineren, zur Behebung anstehenden Störungen und in naher Zukunft noch zu erwartenden Reparaturen umfassende Überlegungen, die den Ersatz des gesamten Aggregates betreffen, auslösen. Auf diese investitionstheoretischen Aspekte wird ausführlich in Abschnitt III.2 eingegangen.

1.2 Der Verschleißprozeß als Grundlage für eine differenzierte Betrachtung von Potentialfaktoren

1.2.1 Der betriebswirtschaftliche Ansatz zur Analyse des Verschleißprozesses

Ausgehend vom ingenieurwissenschaftlichen Ansatz (Abschnitt 1.1.1) ist hier die Einbeziehung verschleißhemmender Aktivitäten in Analyse und Beschreibung des Verschleißsystemes respektive des Verschleißprozesses zu leisten.

Die Kritik am ingenieurwissenschaftlichen Ansatz hat aus betriebswirtschaftlicher Sicht vor allem an der statischen Betrachtungsweise des Zwischenstoffes (in der Regel ein Schmierstoff) anzusetzen. Unter statischer Betrachtungsweise wird verstanden, daß nur die Qualität und Quantität des Zwischenstoffes mit seinen, zu Beginn des Verschleißprozesses spezifizierten Eigenschaften als Parameter in die Untersuchung eingehen (siehe auch die Diagramme in Abschnitt 2.1). Tatsächlich erfährt aber die Qualität (und manchmal auch die Quantität) des Zwischenstoffes eine stetige Veränderung, die wesentlichen Einfluß auf den Verschleißprozeß hat. Im Schmieröl, z.B., finden sich mit fortschreitender Dauer der Nutzung zunehmend feste Bestandteile als Folge des Abnutzungsprozesses, die nun ihrerseits wieder einen beschleunigten Ablauf des Verschleißprozesses bewirken. Da die Qualität des Zwischenstoffes beeinflußt werden kann — man denke etwa an die Reinigung (Filter) oder den Austausch von Schmieröl, wenn ein bestimmter Prozentsatz Festkörper im Schmieröl gegeben ist — wird auch der Ablauf des Verschleißprozesses wesentlich von der Intensität verschleißhemmender Maßnahmen geprägt.

Um nun der dynamischen Komponente, Nutzung von Zwischenstoffen, Rechnung zu tragen, sei die Intensität verschleißhemmender Maßnahmen explizit in die Analyse des Verschleißprozesses als unabhängige Einflußgröße aufgenommen (Abbildung 2).

Die Elemente 1 bis 3 entziehen sich weitgehend betrieblichen Beeinflussungsmöglichkeiten. An der konstruktiven Gestaltung von Grundkörper und Gegenstoff kann auch langfristig gesehen, nur selten etwas geändert werden, ebenso ist die Werkstoffwahl als Datum hinzunehmen. Am ehesten kann noch der Zwischenstoff als variierbar angesehen werden, und zwar dann, wenn man sich entschließt, z.B. statt des vom Hersteller angegebenen Schmierstoffes einen anderen zu verwenden.

Die Elemente 4 bis 6 sind hingegen betrieblich beeinflußbar. Belastung und Bewegung hängen von der für eine Produktionsaufgabe geplanten Zeit und damit von der Wahl der Produktionsgeschwindigkeit ab. Die Intensität der Regeneration des Zwischenstoffes ist grundsätzlich frei wählbar und bestimmt zusammen mit der Intensität

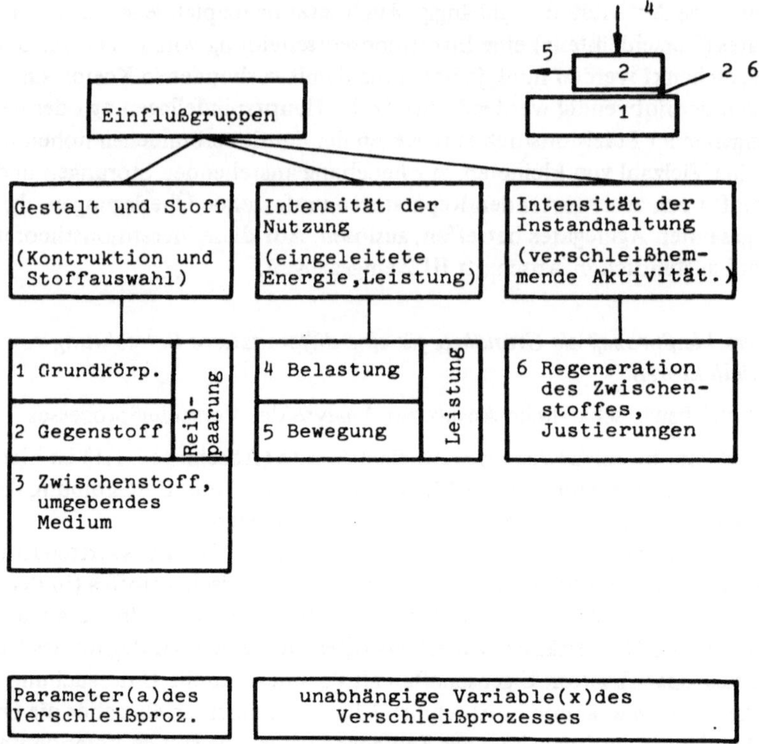

Abb. 2: Grundelemente des Tribosystems in der betriebswirtschaftlichen Analyse

der Nutzung die Dauer der Gebrauchsfähigkeit eines Tribosystems bei gegebenem Verschleißkriterium.

Der funktionale Zusammenhang zwischen Verschleiß (V) und Einflußgrößen kann bei expliziter Berücksichtigung der Zeit (t) folgend dargestellt werden:

$$V = f(a(1), a(2), a(3), x(4), x(5), x(6), t).$$

Bei der Beschreibung von Verschleißprozessen für die Zwecke der Praxis genügt es oft, die Parameter zu einer Konstanten zusammenzufassen und auch für die beiden unabhängigen Variablen Belastung und Bewegung steht dann oft nur eine, die Leistung repräsentierende Variable. Dies vor allem dann, wenn der Einfluß der Geschwindigkeit — im Gegensatz zu dem der Belastung — auf den Verschleiß sehr gering eingeschätzt wird [*Erhard/Strickle*, S. 9; *Opitz/Domrös*, 1966, S. 1ff.].

1.2.2 Betriebswirtschaftlich relevante Systematisierung der Verschleißwirkungen

Die im Abschnitt 1.1.1 angesprochene technische Systematisierung des Verschleißprozesses ist nicht nur sehr komplex, sondern auch einer betriebswirtschaftlichen Betrachtungsweise nicht adäquat. Aus betriebswirtschaftlicher Sicht sind drei bedeutsame Erscheinungsformen des Verschleißes zu registrieren:

1) Überschreiten der Dauergebrauchsgenauigkeit: ein Aggregat wird zur Erfüllung einer bestimmten Produktionsaufgabe ungeeignet, da die geforderte Qualität des Produktes nicht mehr oder nur zufällig erreicht werden kann.
2) Ausfall (Bruch) von Komponenten, entweder vorhersehbar infolge Überbeanspruchung (Ermüdung) oder stochastischer Natur.
3) Steigender Faktorverbrauch eines einzelnen Tribosystems bzw. des gesamten Potentialfaktors.

Ein Bauteil wird aus einzelwirtschaftlicher Sicht dann unbrauchbar, wenn ein für die oben angegebenen betriebswirtschaftlichen Verschleißerscheinungsformen gesetztes Kriterium erfüllt ist. Die der Erfüllung eines Verschleißkriteriums zuordenbare Zeit kann im Fall 2 (Ausfall) als technische, im Fall 3 (steigender Faktorverbrauch) als wirtschaftliche und im Fall 1 (Dauergebrauchsgenauigkeit) als technisch-wirtschaftliche Nutzungsdauer eines betrachteten Bauteiles (Tribosystems) interpretiert werden.

Im Fall 2, des Ausfalles einer Komponente, ist die Zuordnung eines Kriteriums trivial. Wenn man unterstellt, daß die Funktionsfähigkeit eines Aggregatsystems nicht gegeben ist, wenn ein Bauteil ausfällt, so ist das Kriterium eben die Nichtbenutzbarkeit des gesamten Aggregates. Die Blockierung des Systems durch Ausfall einer Komponente ist nicht nur durch einen effektiven, sofortigen Stillstand der Maschine gegeben, etwa wenn der Antrieb ausfällt, sondern definitionsgemäß bereits dann, wenn irgendein betriebsnotwendiges Subaggregat ausfällt. Und als solches sei hier auch die Kontrolllampe bezeichnet, die etwa den Ausfall eines Ölkühlers zu signalisieren hätte, weil eben das Nichtanzeigen des Ausfalles des Ölkühlers schwerwiegende Konsequenzen für den Betrieb haben kann.

Das der in Punkt 1 angeführten Dauergebrauchsgenauigkeit zuzuordnende Verschleißkriterium wird in aller Regel ein Qualitätskriterium sein. Ist man mit einer Maschine beispielsweise nicht mehr in der Lage, eine geforderte Maßtoleranz für die Elemente einer Produktionsaufgabe zu erreichen, muß reagiert werden. Entweder ist das Aggregat stillzulegen oder in andere Bereiche der Produktion, deren Qualitätsansprüche noch ausreichend befriedigt werden können, zu transferieren, oder die Ursachen des Qualitätsverlustes sind zu beseitigen. Dazu ist zunächst zu untersuchen, an welchem Maschinenelement ein Verschleißprozeß soweit fortgeschritten ist, daß die geforderte Qualität nicht mehr erreicht werden kann. Als Beispiel sei das Fortschreiten des Lagerverschleißes der Hauptspindellagerung einer Drehbank genannt, wodurch der Rundlauf der für die Werkstückaufnahme konstruierten Elemente über ein zulässiges Maß hinaus (bei Präzisionsmaschinen genügt schon ein „Schlagen" von wenigen μm) beeinflußt werden kann. Auf diese Art und Weise kann für alle die Präzision, oder allgemeiner, die Gebrauchsfähigkeit einer Maschine beeinflussenden Subaggregate, ein Toleranzmaß als Kriterium festgelegt werden, bei dessen Überschreiten die Brauchbarkeit der Anlage für einen bestimmten Produktionszweck nicht mehr gegeben ist. Das Fortschreiten des Verschleißprozesses kann über die funktionalen Abhängigkeiten zwischen Verschleißkriterium V als abhängige Variable, den Parametern a (1) − a (3) und den unabhängigen Variablen x (4) und x (5) des Tribosystems beschrieben werden. Prinzipiell ergeben sich auch keine Schwierigkeiten, wenn mehrere Verschleißteile (Tribosysteme) über das Fortschreiten ihrer Verschleißprozesse Einfluß auf ein Qualitätskriterium nehmen. Die Abhängigkeiten sind zumeist additiver Natur und können, nachdem ihre isolierten Wirkungen festgestellt wurden, als Nebenbedingung oder Summenverschleißkriterium in bezug auf die zu beobachtende Qualitätskomponente (z.B. Rundlaufeigenschaften, wie oben ausgeführt) formuliert werden. Inwieweit dabei Substitutionsmöglichkeiten zwischen Verschleißkomponenten gegeben sind, ist aus den aktuellen Gegebenheiten abzuleiten.

Für Punkt 3 der betrieblichen Erscheinungsformen des Verschleißes, dem steigenden Faktorverbrauch sowohl an Repetier- als auch an Verschleißfaktoren, kann kein materiell meßbares Kriterium angegeben werden. Ohne nun ein im Zusammenhang mit betrieblichen Anpassungsentscheidungen abzuleitendes Optimierungskriterium vorwegzunehmen, ist hier im Sinne einer Minimalkombination für die beteiligten Produktionsfaktoren des betrachteten Tribosystems vorzugehen. Dazu ist der bewertete steigende Verbrauch an Faktoren mit den Kosten der entsprechenden Instandhaltungsmaßnahmen zu vergleichen (siehe Abschnitt 3 und 4).

Die dazu notwendigen funktionalen Beziehungen zwischen Verschleiß und Faktorverbrauch können, was den Verbrauch an Repetierfaktoren betrifft, theoretisch einwandfrei für jedes Subaggregat isoliert durchgeführt werden (z.B. durch Wirkungsgradmessungen beim Energieverbrauch). Praktisch dürften daraus allerdings Schwierigkeiten infolge der notwendigen isolierten Messung für einzelne Subaggregate erwachsen, die nur durch Modellversuche überwunden werden können. Es ist dies auch eine Frage der Wirtschaftlichkeit, inwieweit ein theoretisch gangbarer Weg für alle in Betracht kommenden Teile genutzt werden soll. Vorstellbar ist, daß eben aus den angesprochenen, die Tiefgliederung eines theoretischen Ansatzes betreffenden Wirtschaftlichkeitsüberlegungen derartige Untersuchungen nur für kostenmäßig oder funktionsmäßig exponierte Subaggregate durchgeführt werden.

Auch das Aufschaukeln zweier Verschleißprozesse einander beeinflussender Tribosysteme kann in die Analyse einbezogen werden. Allerdings erfordert dies das Auffinden der funktionalen Abhängigkeiten zwischen den beiden Verschleißprozessen derart, daß das Verschleißkriterium eines als untergeordnet zu identifizierenden Verschleißprozesses in die Beschreibung des übergeordneten Prozesses als unabhängige Variable eingeht. Ob derartige komplexe Untersuchungen aber wirtschaftlich vertretbar und notwendig sind, muß im Einzelfall entschieden werden. Für die meisten aus betriebswirtschaftlicher Sicht zu behandelnden Probleme dürfte jedoch eine isolierte Betrachtung der Verschleißprozesse einzelner Subaggregate vollauf genügen.

1.3 Die Dekomposition von Potentialfaktoren

Grundlage für die Einbeziehung des Verschleißes in die Produktionstheorie ist die bereits besprochene Existenz quantitativer Beschreibungen von Verschleißprozessen. Für den weiteren Gang der Untersuchung ist nicht nur zu beachten, daß jeder Potentialfaktor als aus Subaggregaten zusammengesetzt gedacht werden kann, sondern auch, daß nicht alle diese Subaggregate einem von der Intensität der Nutzung abhängigen Verschleiß unterliegen. Dies führt zur Zerlegung des Potentialfaktors in nutzungsabhängig verschleißende Komponenten einerseits und nutzungsunabhängig verschleißende Potentialfaktorkomponenten und Obsoleszenzfaktoren andererseits.

1.3.1 Nutzungsabhängig verschleißende Potentialfaktorkomponenten (Verschleißfaktoren)

Wesentlich für die Einbeziehung dieser Subpotentialfaktoren ist die Existenz eines Verschleißkriteriums. Wir haben dazu zwischen materiell und nicht materiell quantifizierbaren Verschleißkriterien zu unterscheiden. Ein materiell zu quantifizierendes Verschleißkriterium liegt vor, wenn der Verschleißprozeß Auswirkungen auf die Form des Maschinenelementes hat, wie z.B. Abrieb, Deformationen, Oxydation u.ä.m. und damit die Gebrauchsfähigkeit beeinflußt.

Nicht materiell zu quantifizierende Verschleißkriterien sind Verschleißprozessen zuzuordnen, die keine äußerlichen Spuren hinterlassen. Dazu gehört im wesentlichen der Verschleiß infolge Ermüdung. Wird eine Konstruktion, die wechselnder Belastung ausgesetzt ist, unter Berücksichtigung von Dauerfestigkeitswerten des verwendeten Werkstoffes ausgelegt, so bedeutet dies, daß eine unerwünschte Deformation des Bauteiles (Bruch) erst nach einer bestimmten Anzahl von Lastwechseln (Zeitfestigkeit) eintritt oder dauernd ertragen wird (Dauerstandsfestigkeit). Die Anzahl der dem Auslegungsfall zugrundegelegten Lastwechsel ist damit als nicht materiell meßbares Verschleißkriterium aufzufassen.

Da Potentialfaktoren mit nicht materiell quantifizierbaren Verschleißkriterien selten als Verschleißteile einer Konstruktion konzipiert werden, sondern aus technischen Gründen auf die für ein Aggregat übliche Gesamtlebensdauer ausgelegt werden, finden sie im Rahmen dieser Untersuchung als Verschleißfaktoren keine ausdrückliche Berücksichtigung, sondern werden als Obsoleszenzfaktoren behandelt.

Grundsätzlich können auch Zwischenstoffe eines Tribosystems als Verschleißfaktoren mit materiell quantifizierbarem Verschleißkriterium (Festkörperanteil im Schmiermittel bspw.) angesehen werden. Da sie aber keine Maschinenelemente im technischen Sinn sind, werden sie im allgemeinen nicht zu den Potentialfaktoren gerechnet. Im Rahmen der Produktions- und Kostentheorie werden Zwischenstoffe sinnvoller Weise als Betriebsstoffe im Mengengerüst des Instandhaltungsprozesses berücksichtigt, weil ihre Nutzungsdauer gewöhnlich mit den Wartungsintervallen identisch ist.

Charakteristisch für nutzungsabhängig verschleißende Potentialfaktorkomponenten (Attritionsfaktoren) sei somit, daß ihre technische und/oder wirtschaftliche Nutzungsdauer durch Instandhaltungsaktivitäten beeinflußbar ist und gewöhnlich unter der Nutzungsdauer des Potentialfaktors liegt.

Es sei auch ausdrücklich herausgestellt, daß ein Verschleißfaktor zwar ein einzelnes Maschinenelement sein kann, aber nicht sein muß. Vor allem dann, wenn

a) ein abgenutztes Maschinenelement (z.B. Triebling eines Differentials) nicht allein ersetzt werden kann, sondern gleichzeitig damit auch ein oder mehrere Elemente ausgewechselt werden müssen (Tellerrad des Differentials), weil technischer Verbund vorliegt oder

b) bei wirtschaftlichem Verbund, wenn es etwa unwirtschaftlich wäre, nicht gleich auch andere Reparaturen vorzunehmen (Lager auswechseln),

ist es sinnvoll, mehrere Elemente zu einem Attritionsfaktor mit einem spezifischen, die Nutzungsdauer bestimmenden Verschleißkriterium zusammenzufassen.

1.3.2 Nutzungsunabhängig verschleißende Potentialfaktorkomponenten und Obsoleszenzfaktoren

Obsoleszenzfaktoren sind jene Teile eines Potentialfaktors, bei deren Gestaltung Lebensdauererwägungen keine Rolle spielen, da sie für gewöhnlich den Ersatzzeitpunkt einer Anlage ohne wesentliche Verschleißerscheinungen überdauern. Es sind dies oft Bauteile, bei denen die im Betrieb auftretenden Belastungen vernachlässigt werden können, weil andere Anforderungen — wie z.B. die Forderung nach Steifigkeit — zu einer Auslegung führen, die die Dimensionierung nach Festigkeits- (Ermüdung) oder Verschleißgesichtspunkten dominiert. Der „Verschleiß" von Obsoleszenzfaktoren ist also dann gegeben, wenn der ganze Potentialfaktor aus irgendwelchen Gründen obsolet geworden ist und verschrottet wird. Faktorverbrauchsfunktionen für Obsoleszenzfaktoren existieren mithin nicht — sie stellen „Bestandsfaktoren" innerhalb des Potentialfaktorkomplexes Betriebsmittel dar. Die technisch mögliche Nutzungsdauer von Obsoleszenzfaktoren übersteigt die gewöhnliche, durch Wirtschaftlichkeitsüberlegungen beeinflußte tatsächliche Gebrauchsdauer des gesamten Potentialfaktors. Es bleibt jedoch noch zu vermerken, daß es oft auch wesentlich von der Konzeption einer Maschine abhängen kann, ob ein Bauteil den Verschleiß- oder Obsoleszenzfaktoren zuzuordnen ist.

Eine Reihe von Bauteilen verschleißen allerdings auch unabhängig von der Intensität der Nutzung einer Anlage, ohne dabei obsolet geworden zu sein. Es sind dies z.B. Kunststoffschläuche und Dichtungen, die verspröden, Glühlampen und Sicherungen, die durchbrennen u.ä.m. In aller Regel ist die Nutzungsdauer dieser Elemente auch nicht von der Intensität einer Wartungsmaßnahme beeinflußbar. Da ihr Verschleiß — wenn überhaupt — nur schwer beeinflußbar ist, und außerdem die durch sie hervorgerufenen Instandhaltungskosten bei maschinellen Anlagen gegenüber denen des Gebrauchsverschleißes eine untergeordnete Rolle spielen, werden wir sie im folgenden nicht explizit in die Untersuchung einbeziehen. Erst bei der Diskussion um die Bestimmung optimaler Ersatzzeitpunkte werden wir den Einfluß der nutzungsunabhängigen Instandhaltungskosten berücksichtigen.

Ähnliches gilt natürlich auch für die selbst bei Obsoleszenzfaktoren notwendigen Wartungsmaßnahmen (Rostschutzanstriche etc.), deren Unterlassung bereits als destruktive Aktivität gelten könnte. Alle hier angeführten Instandhaltungskosten haben also „Fixkostencharakter" und spielen keine Rolle bei der Bestimmung der optimalen Intensität der Betriebsmittelnutzung.

1.4 Die Instandhaltung als verschleißhemmende und regenerierende Aktivität

Im Mittelpunkt der hier zu behandelnden Systematik der Instandhaltung steht das Tribosystem. In Ergänzung zur technisch-naturwissenschaftlichen Definition sei hier das Tribosystem aus betriebswirtschaftlicher Sicht definiert: Es ist der Verbund von Subaggregaten, an dem mindestens ein Verschleißfaktor beteiligt ist und dessen Verschleißverhalten von einer Instandhaltungsaktivität beeinflußt wird.

Instandhaltung wird nun grundsätzlich als verschleißhemmende Maßnahme an einem Tribosystem begriffen und inklusive Ersatz oder Reparatur von Maschinenteilen auch als regenerative Aktivität. Letzteres deshalb, um den „Verschleiß" des gesamten Potentialfaktors bereits bei Ausfall eines an sich leicht zu ersetzenden geringwertigen Teiles zu verhindern.

Da die Nutzungsdauer eines Verschleißfaktors nicht nur von der Intensität der Nutzung abhängt, sondern nur simultan unter Einbeziehung von Nutzungs- und Instandhaltungsintensität bestimmbar ist, kommt auch den Kosten des Instandhaltungsprozesses wesentliche Bedeutung zu. Um die Voraussetzungen für eine Einbeziehung des Instandhaltungsprozesses in eine Minimalkostenkombination zu gewährleisten, sei zuvor eine materielle Beschreibung seiner Elemente gegeben.

Ausgehend von den Grundelementen 1–3 eines Tribosystems, Grundkörper, Gegenstoff und Zwischenstoff, die als Parameter in quantitative Beschreibungen des Verschleißprozesses eingehen und durch Instandhaltungsaktivitäten beeinflußt werden können, ist folgende Systematisierung zweckmäßig:

1) Wartung (Verschleißhemmung)

Wartung im engeren Sinne: Sie hat pflegenden Charakter und betrifft den Zwischenstoff des Tribosystems. Es erfolgt kein Austausch und keine Reparatur von Verschleißfaktoren.
Faktoreinsätze: Arbeitszeit, Betriebsstoffe.

Justierung: Hat korrigierenden Charakter und betrifft die Lage von Gegenstoff zu Grundkörper, also die Gestalt des Zwischenstoffes. Es erfolgt wie bei der Wartung ebenfalls kein Austausch und keine Reparatur von Verschleißfaktoren.
Faktoreinsätze: Arbeitszeit.

2) Regeneration

Reparatur und/oder Ersatz: Wird ein Verschleißkriterium für einen am Tribosystem beteiligten Verschleißfaktor erreicht, wird der Teil ersetzt oder repariert — mithin die Funktionsfähigkeit des Tribosystems regeneriert. Diese Maßnahmen betreffen Grundkörper und/oder Gegenstoff von Tribosystemen.
Faktoreinsätze: Arbeitszeit, Ersatzteil, Betriebsstoffe.

Inspektionen dienen zur Feststellung des Verschleißfortschritts und können sowohl Zwischenstoffe als auch Grundkörper und Gegenstoff betreffen. Die Intensität von Inspektionen hat keinen unmittelbaren Einfluß auf das Verschleißverhalten, die Planung der Inspektion erfolgt auf Grund von Erfahrungswerten über den Verschleißprozeß und ist auch von der grundsätzlichen Organisation der Instandhaltung — präventiv oder kurativ — beeinflußt. Sofern sie nicht in Wartungs- und Justierungsaktivitäten integriert sind, bleiben sie in einer verschleißorientierten Betrachtung des Instandhaltungsprozesses unberücksichtigt. Bei manchen hochtechnischen Anlagen ist mit der Inspektion zudem kaum mehr ein Faktoreinsatz verbunden, z.B. dann, wenn alle relevanten Verschleißerscheinungen und Störungen automatisch durch geeignete Signalgeber angezeigt werden.

Wesentlich für die weiteren Betrachtungen ist, daß die Ereignisse Wartung und Regeneration für gewöhnlich für jeden beliebigen Betrachtungszeitraum negativ korreliert sind. Je intensiver Wartung betrieben wird, desto seltener treten Anlässe zur Regeneration von Verschleißfaktoren auf.

Will man, wie in Abschnitt 1.3.1 angedeutet, auch die Zwischenstoffe als Potentialfaktoren behandelt wissen, so ist Wartung (Punkt 1)) als Regeneration von Zwischenstoffen — also Qualitätsverbesserungen durch Reinigung, Wiederherstellung einer optimalen Gestalt des Zwischenstoffes (als Interpretation der Justierung) und Ersatz des Zwischenstoffes — im Gegensatz zur Regeneration von Grundkörper und Gegenstoff (Punkt 2)) zu verstehen. Es sind dann die Intensitäten zweier unterschiedlicher Ersatzaktivitäten negativ korreliert.

Abschließend noch einige Bemerkungen zu den Kosten von Instandhaltungsmaßnahmen. Soweit die Kosten als Produkt aus Faktoreinsatz und Preis aufgefaßt werden, ergeben sich keine besonderen Schwierigkeiten bei der Kostenermittlung. Probleme treten auf, wenn versucht wird, Opportunitätskosten für den Maschinenstillstand während der Instandhaltungsaktivität einzubeziehen, da sie im wesentlichen von der Organisationsform der Instandhaltung — präventiv oder ausfallorientiert — beeinflußt sind. Wir entziehen uns dieser Problematik nun — zumindest teilweise — dadurch, daß wir die Entscheidung über die Organisation der Instandhaltung als bereits gefällt unterstellen. Dort wo die Höhe der Opportunitätskosten wegen ihres Preischarakters Entscheidungen über die Intensität der Nutzung oder Instandhaltung beeinflussen kann, kann diesem Sachverhalt durch Parametrisierung der Preise Rechnung getragen werden — die Höhe der Opportunitätskosten zu ermitteln, liegt jedoch außerhalb der Zielsetzung dieser Arbeit.

2. Wechselwirkungen zwischen Potentialfaktorverschleiß und Instandhaltungsaktivitäten

Instandhaltung wurde im letzten Abschnitt unter Einbeziehung von regenerierenden Maßnahmen (Ersatz, Reparatur) definiert. Diese Definition ist in der betriebswirtschaftlichen Literatur durchaus weit verbreitet und wurde daher für diese Arbeit so gewählt. Allerdings darf nun nicht übersehen werden, daß damit unter dem Ausdruck Instandhaltung zwei dem Wesen und den Auswirkungen auf den Verschleiß des Potentialfaktors nach, prinzipiell unterschiedliche Gruppen von Maßnahmen zusammengefaßt wurden. Die erste Gruppe umfaßt pflegende Maßnahmen wie Wartung und Justierung und beeinflußt daher wesentlich die Lebensdauer der Verschleißfaktoren. Die zweite Gruppe von Aktivitäten, Reparatur und Ersatz von Verschleißfaktoren, bewirkt eine partielle Regeneration des Potentialfaktors und verlängert damit die Nutzungsdauer des gesamten Potentialfaktors. Das Einsetzen einer regenerativen Aktivität hängt von der Intensität ab, mit der die Aktivitäten der ersten Gruppe gepflogen werden. Je höher die Intensität der Aktivitäten der ersten Gruppe für einen Verschleißfaktor geplant werden, desto niedriger wird die zu erwartende Intensität für Maßnahmen der zweiten Gruppe sein.

Das implizit in jedem Potentialfaktor vorhandene und durch unterschiedliche Wartungs- und Nutzungsintensitäten auch unterschiedlich aktivierte Verschleißpotential wird durch die Regeneration von Elementen solange wieder partiell aufgefüllt, wie die Nutzung des Potentialfaktors andauert bzw. noch wirtschaftlich vertretbar ist.

Da nun die Lebensdauer eines Verschleißfaktors (Standzeit) grundsätzlich nicht mit der Lebensdauer des gesamten Potentialfaktors (Nutzungsdauer) direkt verglichen werden kann, muß die Untersuchung der Wechselwirkungen zwischen Potentialfaktorverschleiß und Instandhaltung aufgespalten werden.

Wir haben zunächst zu untersuchen, wie sich die Wartung auf die Lebensdauer eines Verschleißteiles auswirkt und dann in einer zweiten Stufe, wie die Lebensdauer der ein einzelnen Verschleißteile die Nutzungsdauer des gesamten Potentialfaktorkomplexes, den ein Betriebsmittel darstellt, beeinflußt.

2.1 Substitution zwischen Wartung und Regeneration

Bei gegebener Intensität der Beanspruchung eines Potentialfaktors, und damit auch eines Verschleißfaktors dieses Potentialfaktors, kann mit zunehmender Disaggregation immer genauer der Einfluß von Wartungsmaßnahmen auf die Nutzungsdauer bzw. Lebensdauer des jeweiligen Verschleißkomplexes beschrieben werden. Insbesondere kann die Abhängigkeit der Lebensdauer von der Intensität von Wartungsmaßnahmen für einen Verschleißfaktor als ertragsgesetzliche oder neoklassische „Produktionsfunktion" interpretiert werden, je nachdem, ob bei steigender Intensität von Wartungsaktivitäten zunächst steigender und dann fallender oder gleich fallender Grenznutzen (inkrementale Verlängerung der Lebensdauer) erwartet wird. Nehmen wir den Fall eines einfachen Tribosystems, wie in Abbildung 2 dargestellt, so bedeutet steigende Intensität der Wartung beispielsweise, daß zunächst gegenüber der Alternative kein Schmiermittel zu verwenden – also trockene Reibung – innerhalb eines Beobachtungszeitraumes immer öfter Schmiermittel ausgetauscht bzw. zugegeben wird. Als Beispiel für eine Verschleißuntersuchung an einem einfachen Tribosystem unter Berücksichtigung von alternativen Schmierungsverhältnissen seien aus den umfangreichen Untersuchungen von Opitz über Gleitführungen zwei Diagramme zitiert [*Opitz/Domrös*, 1966, S. 33, 1967, S. 23], die den typischen Einfluß von Wartungsmaßnahmen erkennen lassen.

Während Abbildung 3 den grundsätzlichen Einfluß der Schmierung auf den Verschleiß abbildet, kann aus dem zweiten Diagramm (Abbildung 4) der Einfluß der Intensität der Wartung auf die Lebensdauer des Tribosystems abgeleitet werden. Dazu ist zunächst zu beachten, daß der auf der Abszisse abgetragene Gleitweg bei einer konstanten Geschwindigkeit von 0,4 m/min zurückgelegt wurde. Damit kann nach dem Gesetz der Austauschbarkeit von Maßgrößen auch die Zeit als Abszissenmaßstab verwendet werden, wenn man den Gleitweg durch die Geschwindigkeit dividiert. Führt man nun ein Verschleißkriterium für das Tribosystem ein – etwa die Verschleißmarke von x μm (Ordinatenmaßstab) darf nicht überschritten werden –, dann kann für den jeweils verwendeten Schmierstoff abgelesen werden, wann die Gebrauchsfähigkeit des Tribosystems erschöpft ist. Als Wartungsintensität ist nun die Häufigkeit von Ölzugaben innerhalb eines bestimmten Zeitraumes zu interpretieren. Fall A in Abbildung 4, die kontinuierliche Zugabe von nicht verschmutztem Öl – also die ständige Zuführung frischen Öles –, ist als Wartung mit unendlicher Intensität zu interpretieren, während der Fall des Trockenlaufes, wie in Abbildung 3 dargestellt, ein Beispiel für die Wartung mit Intensität Null ist. Weitere Intensitätswerte für die Wartung lassen sich für beliebige Zwischenwerte der Extremwerte Null und Unendlich, z.B. für die Fälle B und C in Ab-

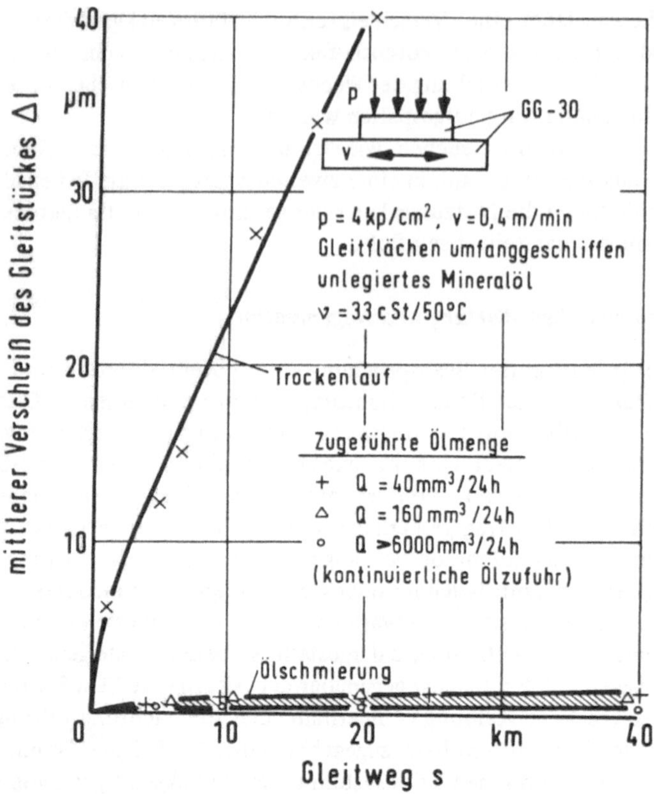

Abb. 3: Einfluß der Schmierölmenge auf den Verschleiß

bildung 4, ableiten, wenn etwa der mittlere Bestandteil an Feststoffen im Schmieröl nach einjähriger, zweijähriger, etc. Verwendung als Parameter für den Verschleißverlauf gewählt wird. Allerdings wäre dann zu erwarten, daß der Verschleißverlauf wegen der zunehmenden Verschmutzung des Öles einen Konkav-konvexen Verlauf nimmt. Die Kurve würde zwar wie in den beiden Diagrammen wegen des Einlaufverschleißes zunächst konkav verlaufen, aber bald wegen der zunehmenden Verschmutzung einen konvexen Verlauf nehmen. Der eigentliche Verlauf der Verschleißlinie ist für uns jedoch von geringerer Bedeutung – wesentlich ist, wann das Verschleißkriterium erreicht wird und nicht auf welchen Pfaden.

Wir versuchen nun, eine „Produktionsfunktion" für den „Ertrag" Lebensdauerzuwachs eines Tribosystems bei spezifiziertem Verschleißkriterium in Abhängigkeit vom „Faktoreinsatz" Intensität der Wartung zu skizzieren. Wir gehen dazu entsprechend den obigen Ausführungen von Verschleißverläufen über der Zeitachse aus, die nun nicht immer konkav-linear verlaufen müssen, sondern auch konkav-konvexe Gestalt haben können, aber trotzdem – was die Relation zueinander betrifft – den in den Diagrammen dargestellten Verläufen entsprechen. Die bei alternativen Wartungsintensitäten erreichten Standzeiten des Tribosystems werden in Abhängigkeit von der War-

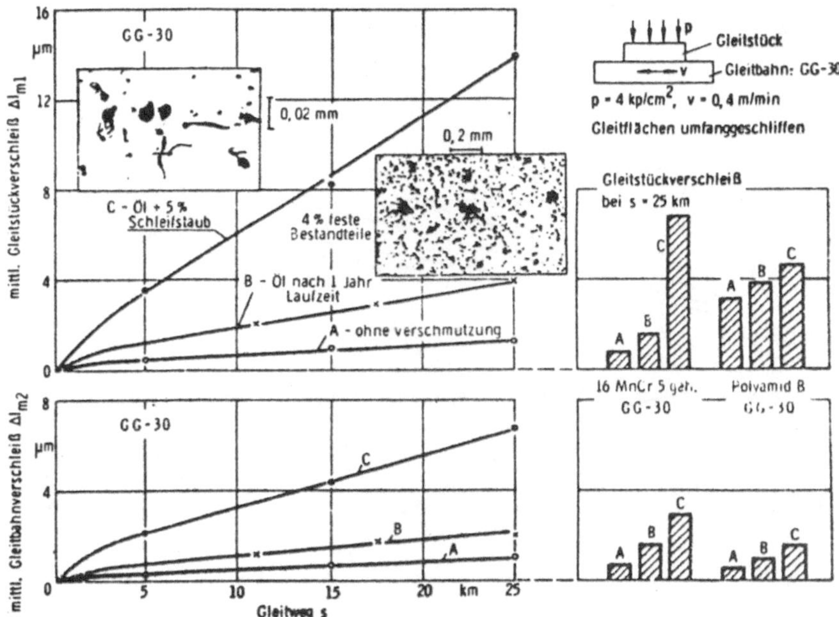

Abb. 4: Einfluß der Schmierölverschmutzung auf das Verschleißverhalten verschiedener Werkstoffe

tungsintensität in Abb. 5 dargestellt. Der konkave Verlauf dieser Lebensdauer-Wartungsintensitäts-Produktionsfunktion ist insofern plausibel, als in Abbildung 3 ein außerordentlich starker Einfluß bereits geringer Schmierung auf das Verschleißverhalten abzulesen ist. Infolge der — theoretischen — Möglichkeiten des ungeschmierten Betriebes des Tribosystems (Trockenlauf) beginnt die Kurve auch nicht im Nullpunkt. Natürlich beeinflussen außer der Schmierung auch andere Umstände das Verschleißverhalten von Tribosystemen. Für die nachfolgende formale Analyse des Instandhaltungsprozesses ist dies jedoch ohne Bedeutung, und da darauf in Abschnitt 3.2 noch ausführlich zurückgekommen wird, kann hier auf die Einbeziehung weiterer Einflüsse verzichtet werden. Auch der Einfluß der konstanten Gleitgeschwindigkeit, die den empirischen Untersuchungen zugrunde liegt, mag zunächst restriktiv erscheinen. Um die formale Analyse hier nicht zu überfrachten, sei für die Diskussion dieses Punktes ebenfalls auf Abschnitt 3.2 verwiesen.

Da nach Erreichen der Standzeit (Lebensdauer) für einen Verschleißfaktor reagiert werden muß, muß eine weitere Instandhaltungsaktion gesetzt werden: die Reparatur oder der Ersatz des Verschleißteiles.

Nun kann die Lebensdauer einer Einzelkomponente des im Potentialfaktor enthaltenen Komplexes an Verschleißfaktoren unter anderem auch deshalb nicht Gegenstand einer Produktionstheorie sein, weil ihr isolierter Beitrag zur Zielerreichung, der Nutzungsdaueroptimierung, nicht meßbar ist. Wir konzentrieren daher unsere Betrachtungen zunächst auf die Auswirkungen einer Standzeitverlängerung auf die Kosten des Instandhaltungsprozesses. Zu diesem Zweck stellen wir die Intensität regenerativer Instandhaltungsaktionen als abhängige Variable von der Intensität der Wartung dar. Dies geschieht in Ableitung aus Abbildung 5 dadurch, daß wir als Ordinatenmaßstab jetzt

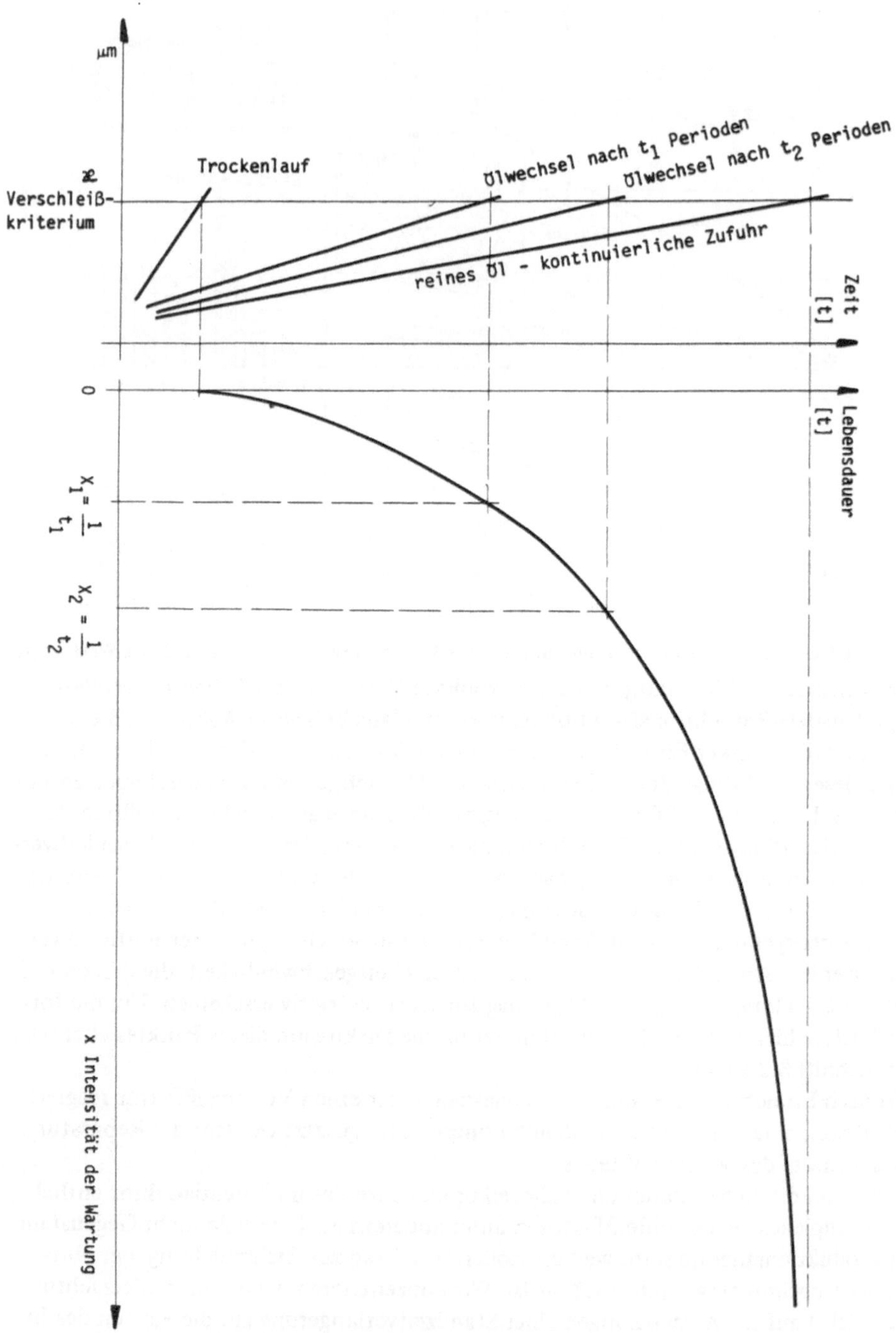

Abb. 5: Lebensdauer als Funktion der Wartungsintensität

1/Lebensdauer, also die in einer Periode benötigten Ersatzstücke bzw. Reparaturen, verwenden. Unterstellt man bei dieser formalen Analyse für den Verlauf der in Abbildung 5 dargestellten Funktion Stetigkeit und Differenzierbarkeit, so bleiben diese Eigenschaften auch nach der Quotientenbildung erhalten: Wir erhalten eine hyperbelähnliche, konvexe, stetige Funktion (Abbildung 6), die wir uns durch $y = a + b/(x + c)^m$ angenähert vorstellen können. Mit y sei dabei die Intensität regenerativer Instandhaltungsakte und mit x die Intensität von Wartungsakten bezeichnet, während a, b, c und m in der Regel als nichtnegative Konstante des Tribosystems zu verstehen sind. Für den damit zugelassenen Fall $m = 0$ bedeutet dies, daß keine Abhängigkeit zwischen den Instandhaltungsaktivitäten besteht.

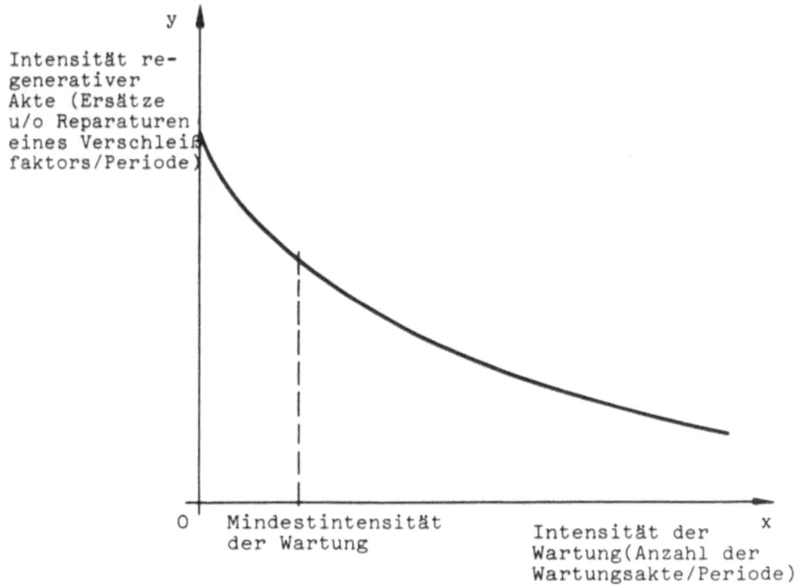

Abb. 6: Substitutionalität zwischen Regeneration und Wartung

Für ebenfalls denkbare Tribosysteme mit Lebensdauer-Wartungsintensitäts-Funktionen von ertragsgesetzlichem Verlauf — also konvex-konkav — würde man ebenfalls einen hyperbelähnlichen Verlauf erhalten, weshalb wir im weiteren Gang der formalen Analyse auf die eingangs angezeigte Differenzierung verzichten können.

Wegen der theoretisch zugelassenen Möglichkeit einer Wartung mit der Intensität Null (also Trockenlauf bei Gleitflächen) muß die Kurve einen Schnittpunkt mit der Ordinate aufweisen. Realistischer ist die Annahme, daß für jeden Verschleißteil eine Mindestwartung vorgesehen ist, damit er überhaupt eine für die Produktion relevante Zeitspanne überlebt. Wir erhalten dann einen Schnittpunkt der Kurve mit der durch die auf der Abszisse markierten Mindestintensität laufende Parallele zur Ordinate. Da dies keinen Einfluß auf die formale Analyse hat, nehmen wir der Bequemlichkeit halber immer die Nullintensität als Mindestintensität an.

Zur Gestalt der Gleichung $y = a + b/(x + c)^m$ können damit insgesamt folgende

Interpretationen der Koeffizienten und Konstanten gegeben werden. Für $x = $ unendlich erkennt man, daß a die Mindestintensität regenerativer Instandhaltungsaktivitäten bei gegebener Leistung ist, da die Wartungsintensität bereits ein Maximum erreicht hat. Für $x = 0$ erhöht sich diese Mindestintensität dann um den Betrag b/c^m auf $a + b/c^m$ — einen endlichen Wert. Das heißt, selbst bei Trockenreibung wird nicht eine unendliche Intensität regenerativer Akte erreicht. Geometrisch gesehen, bedeutet ein positives a die Verschiebung der Kurve in Richtung des positiven Ordinatenastes, ein positives c die Verschiebung in Richtung des negativen Abszissenastes, während b als Lageparameter, bezogen auf die Entfernung vom Ursprung, anzusehen ist.

2.2 Zusammenhang zwischen Intensität der Regeneration und Intensität der Nutzung

Das in Abbildung 6 dargestellte Substitutionsverhältnis zwischen regenerativen und wartenden Instandhaltungsaktivitäten gilt für eine ganz bestimmte Intensität der Nutzung. Als Maß für die Intensität der Nutzung sei dabei der maschinenspezifische Output pro Zeiteinheit verstanden. Die Dimension eines maschinenspezifischen Outputs für zerspanende Werkzeugmaschinen wäre etwa ein aus einer Produktionsaufgabe abzuleitendes Spanvolumen in mm^3 und die Intensität der Nutzung dann das Spanvolumen je Zeiteinheit.

Unterstellt man zunächst, daß eine bestimmte Produktionsleistung (Intensität der Nutzung) nur mit einer bestimmten Konstellation der Aktionsparameter der Maschinenbedienung wie Vorschub, Schnittgeschwindigkeit und Schnittiefe sinnvoll realisiert werden kann, so liegen damit die notwendige Zerspanleistung z und daraus abgeleitet, auch die für die Beobachtung eines Verschleißprozesses relevanten Belastungs- und Bewegungsgrößen fest. Diese Annahme, die wir später fallen lassen können, gestattet für die weitere Analyse eine überschaubare Parametrisierung der Substitutionsverhältnisse konkurrierender Instandhaltungsaktivitäten nach der Intensität der Nutzung. Zur Darstellung der Beziehungen zwischen physikalischer Zerspanleistung z und dem maschinenspezifischen Output je Zeiteinheit (Zeitspanvolumen) V_Z sei auf das Beispiel Werkzeugmaschine (Anhang) verwiesen.

Bevor nun diese Parametrisierung vorgenommen wird, sind jedoch die Zusammenhänge zwischen der Intensität regenerativer Instandhaltungsakte und der Intensität der Nutzung darzustellen. Wir gehen dazu wieder von den exemplarischen Untersuchungen von Opitz über Gleitführungen aus und zitieren das Ergebnis einer Verschleißuntersuchung bei konstanter Intensität der Wartung (Schmierung), aber variierten Belastungsverhältnissen [*Opitz/Bongartz*, S. 12f.] in Abbildung 7.

Von Interesse ist auch die perspektivische Darstellung des in Abbildung 7 dargestellten Ergebnisses für das obere Gleitstück (Abb. 8). Man erkennt dabei sehr deutlich, daß der Verschleiß zunächst mit der Belastung degressiv zunimmt und später linear von der Belastung abhängt. Opitz berichtet dann weiter über verschiedene Gleitpaarungen mit Gleitstücken aus Nichteisenmetallen und Kunststoffen, die tendenziell ähnliche Ergebnisse aufweisen. Bei Gleitstücken aus Nichteisenmetallen steigt der Verschleiß nach zunächst degressivem und linearem Verlauf ab einer gewissen Belastung dann progressiv an, was auf Ermüdungserscheinungen im Materialgefüge zurückzuführen ist. Bei Maschinenteilen aus Kunststoff ist jedoch wieder nach anfänglichem degressivem Verlauf ein

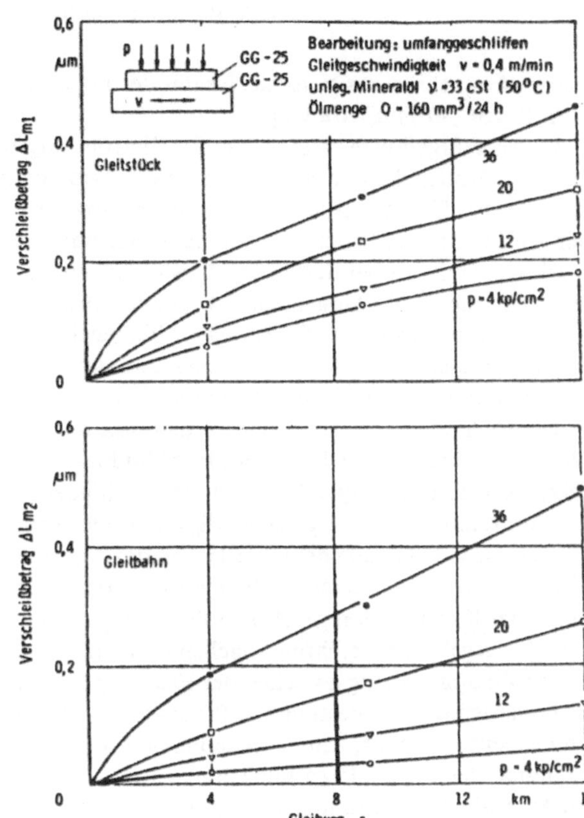

Abb.7.: Einfluß der Flächenpressung auf den Verschleiß der Paarung Grauguß/Grauguß

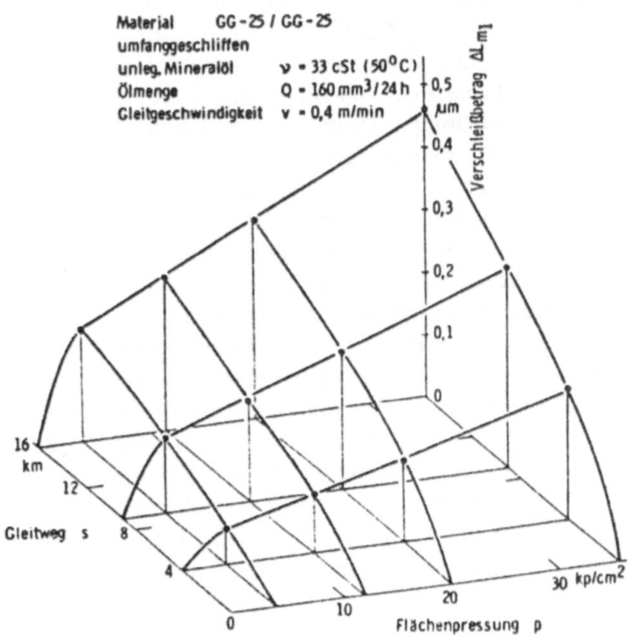

Abb.8.: Verschleiß von Grauguß in Abhängigkeit von Flächenpressung und Gleitweg

lineares Anwachsen des Verschleißes mit der Belastung festgestellt worden [*Opitz/Bongartz*, S. 15f.; *Erhard/Strickle*].

Ähnliche Ergebnisse, wie die hier für Gleitführungen dargestellten, können auch einem unveröffentlichten Arbeitsbericht des Tribologischen Institutes an der TU Wien über Kunststoffgleitlager mit Stahlwellen entnommen werden [*Weiß*] sowie einer Arbeit von Erhard und Strickle über Kunststoffgleitelemente [*Erhard/Strickle*, S. 6–9].

Die von Opitz präsentierten Ergebnisse dürften damit genügend Allgemeingültigkeit aufweisen, um sie als Ausgangspunkt für eine formale Analyse heranziehen zu können.

Um nun Aussagen über funktionale Abhängigkeiten zwischen der Intensität von regenerativen Instandhaltungsmaßnahmen und der Intensität der Nutzung machen zu können, werden wir nach einer Interpretation der Maßstäbe von Abbildung 7 wieder die bei Ableitung der Substitutionsverhältnisse der Instandhaltungsaktivitäten eingeschlagene Vorgangsweise benutzen. In Abbildung 7 ist der Verschleißverlauf in Abhängigkeit vom zurückgelegten Weg und für verschiedene Werte der Flächenpressung bei einer konstanten Versuchsgeschwindigkeit aufgezeichnet. Unter Flächenpressung ist die spezifische Belastung der Gleitflächen des Tribosystems zu verstehen, die aus der effektiv einwirkenden Kraft nach Division durch die durch die geometrischen Abmessungen der Konstruktion gegebenen Berührungsfläche erhalten wird.

Da bei gegebenen Berührungsflächen und Konstanz der Versuchsbedingungen ein linearer Zusammenhang zwischen der Flächenpressung p und der in das Tribosystem zur Bewältigung einer bestimmten Produktionsaufgabe notwendigerweise einzuleitenden Leistung z besteht, kann in Abbildung 7 p durch z ersetzt werden, ohne daß sich die Gestalt der abgebildeten Funktionen ändert. Inwieweit die Versuchsbedingungen den Arbeitsbedingungen in der Praxis entsprechen, wird im Anhang, Abschnitt 5, ausführlich erörtert.

Führt man nun ein Verschleißkriterium ein und ändert den Abszissenmaßstab durch Division des Gleitweges durch die Geschwindigkeit wieder in die Zeitachse ab, was ja jedenfalls nach dem Gesetz der Austauschbarkeit von Maßgrößen möglich ist, kann die funktionale Abhängigkeit zwischen Standzeit urd Leistung wie folgt gefunden werden.

Für den von Opitz zitierten Versuch haben wir Linearität zwischen Flächenpressung und Leistung z feststellen können. Von einer möglichen Veränderung des Reibungskoeffizienten μ bei höherer Belastung, die die Linearität stören könnte, kann hier abgesehen werden. Wir benutzen nun diese Linearitätseigenschaft zwischen Flächenpressung und Intensität der Nutzung dazu, Aussagen über die Form des Verschleißverlaufes machen zu können. Dies geschieht einfach dadurch, daß auf der Ordinate die Werte für die Standzeit und auf der Abszisse z_1, z_2, z_3, z_4 in demselben Verhältnis zueinander aufgetragen werden, in dem die Parameterwerte der Flächenpressung der Versuchsreihe zueinander stehen. Das Ergebnis ist eine Kurve, die man sich der Form nach durch die Funktion $1/z^n$ angenähert vorstellen kann (Abb. 9). Daß die Kurve einem Schnittpunkt mit der Ordinate zuzustreben scheint, ist durch die Tatsache erklärbar, daß ja auch bei der Nullproduktion eine Belastung des Tribosystems durch das Eigengewicht gegeben ist, die quasi einen fixen Verschleißanteil fordert und die Standzeit begrenzt. Ebenso ist ein Schnittpunkt der Kurve mit der Abszisse denkbar, wenn man an eine Belastung denkt, der der betreffende Bauteil nicht einmal statisch standhält.

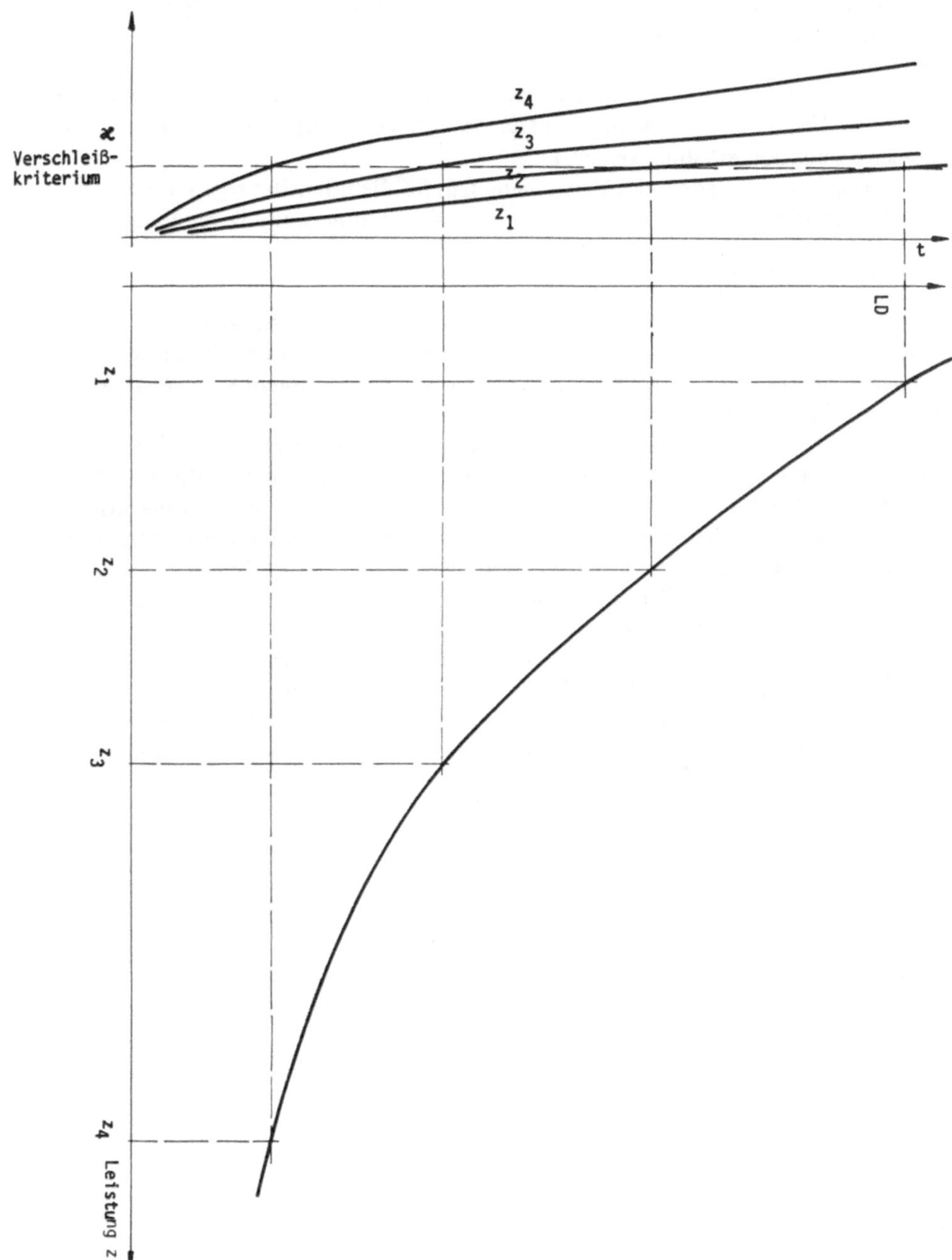

Abb. 9: Lebensdauer als Funktion der Nutzungsintensität

Da wir die Intensität regenerativer Instandhaltungsaktivitäten als reziproken Wert der Standzeit definiert haben, können wir aus den durch die Kurve gegebenen Funktionswerten den Verlauf der Abhängigkeit zwischen regenerativen Instandhaltungsaktivitäten und der Intensität der Nutzung konstruieren. Das Ergebnis ist wieder eine konvexe Funktion, womit für die näherungsweise Darstellung auch festgestellt ist, daß n größer als 1 ist. (Für $n = 1$ würde eine Gerade durch den Ursprung und für $n < 1$ eine konkave Funktion erhalten werden.)

Verwenden wir wieder y als Variablennamen für die Intensität regenerativer Instandhaltungsakte, dann schreiben wir für eine annäherungsweise Darstellung

$$y = d + ez^n.$$

Die Interpretation dieser Funktion zeigt, daß d als Mindestintensität regenerativer Maßnahmen bei $z = 0$, also bei ausschließlicher Eigenbelastung des Tribosystems, zu verstehen ist, während der Koeffizient e ebenso wie der Exponent n das Maß des Anstiegs der Funktion beschreibt.

Für die Darstellung des Ergebnisses wählen wir eine parametrisierte Form der näherungsweise dargestellten funktionalen Abhängigkeit zwischen regenerativen Akten und der Leistung. Da wir zunächst von einer bestimmten Intensität der Wartung ausgegangen sind, bedeutet diese Parametrisierung, daß wir die Konstanten der Näherungsfunktion eigentlich wieder als Variable, und zwar als Variable der Wartungsintensität begreifen müssen. Je höher die Wartungsintensität, desto geringer wird c.p. die Intensität regenerativer Maßnahmen sein. Dieses Ergebnis haben wir bereits früher abgeleitet und in Abbildung 6 dargestellt. Es bedeutet, daß die „Konstanten" als monoton fallende Variablen von x aufzufassen sind. Das Ergebnis ist nun als Kurvenschar darstellbar, wobei jede Kurve einer bestimmten Wartungsintensität zuzuordnen ist; je weiter eine Kurve vom Ursprung entfernt ist, desto geringer ist die Intensität der Wartung (Abbildung 10).

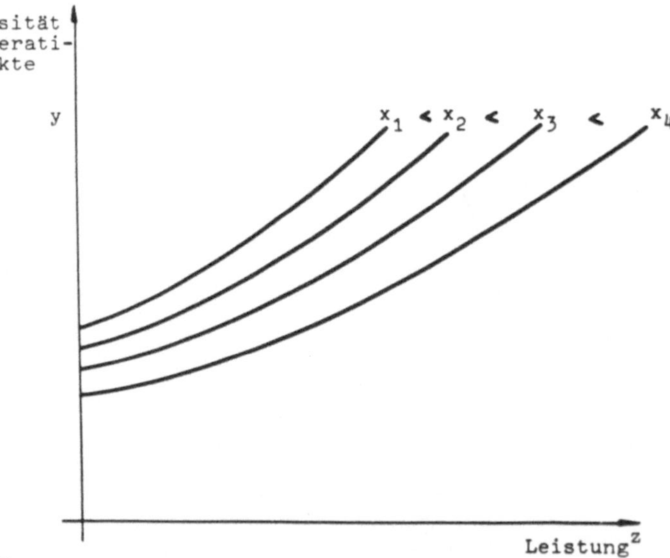

Abb. 10: Intensität regenerativer Akte als Funktion der Leistung

2.3 Die Ertragsfunktion des Instandhaltungsprozesses

Bei der Darstellung in Abbildung 6 für die Abhängigkeit regenerativer Instandhaltungsakte von der Intensität der Wartung wurde von einer bestimmten, gegebenen Leistung ausgegangen. Nun läßt sich diese Darstellung ebenfalls, und zwar in bezug auf die Leistung parametrisieren, d.h. wir nehmen eine Abhängigkeit der Konstanten und Koeffizienten in Gleichung $y = a + b/(x + c)^m$ von z, der Leistung, an. Insgesamt wird damit eine Schar von konvexen Kurven zu erwarten sein, die umso weiter vom Ursprung entfernt sind, je höher die Leistung ist, die in das Tribosystem eingeleitet wird (Abb. 11).

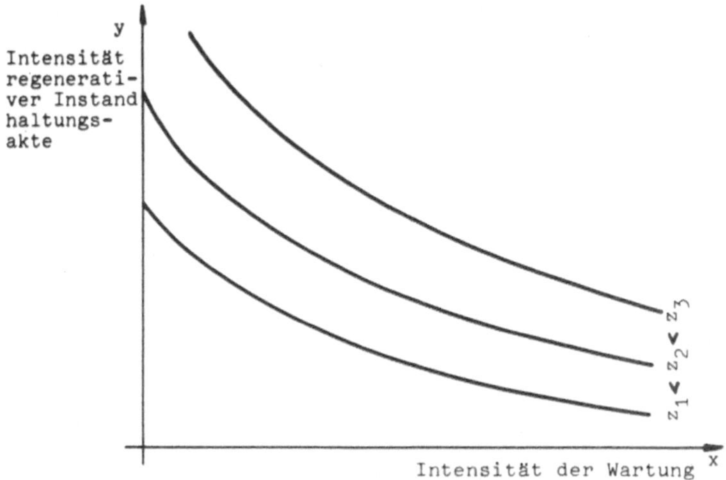

Abb. 11: Substitutionalität zwischen Regeneration und Wartung mit Leistung z als Parameter

Da wir nun die regenerativen Instandhaltungsaktivitäten sowohl als Funktion der Leistung bei parametrisch variierter Wartungsintensität als auch als Funktion der Wartungsintensität bei parametrisierter Leistung dargestellt haben, versuchen wir eine Synthese der beiden Abhängigkeiten für die weitere formale Analyse.

Ziel der Synthese ist es, die Leistung z als Funktion von regenerativer und wartender Instandhaltungsaktivität darzustellen und damit zu demonstrieren, daß prinzipiell die Möglichkeit zur Ableitung funktionaler Zusammenhänge zwischen Regeneration (Verschleiß) Wartung und Intensität der Nutzung für einen Verschleißteil gegeben ist.

Wir gehen dazu von der Gleichung für die regenerativen Instandhaltungsaktivitäten in Abhängigkeit von der Leistung bei einer Wartungsintensität von Null und von der Gleichung für die regenerativen Instandhaltungsaktivitäten in Abhängigkeit von der Intensität der Wartung bei einer Leistung von Null aus.

Wir erhalten somit

$$y = d\,(x = 0) + e\,(x = 0)\,z^n \tag{1}$$

und

$$y = a\,(z = 0) + b\,(z = 0)/(x + c\,(z = 0))^m. \tag{2}$$

Ordnen wir in obigen Gleichungen nun jeweils den unabhängigen Variablen den Wert
Null zu, so müssen beide Gleichungen dasselbe Ergebnis liefern: In beiden Fällen wird
dann die Intensität der regenerativen Instandhaltungsaktivitäten bei Eigenbelastung
und ohne Wartung beschrieben. Wir erhalten

$$d\,(0) = a\,(0) + b\,(0)\,/\,c\,(0)^{m}.$$

Verdeutlichen wir uns dieses Ergebnis anhand eines Diagrammes, auf dessen Abszisse
im positiven Wertbereich die Intensität der Wartung (x) und am negativen Ast der
Abszisse die positiven Werte für die Leistung (z) aufgetragen sind (Abb. 12).

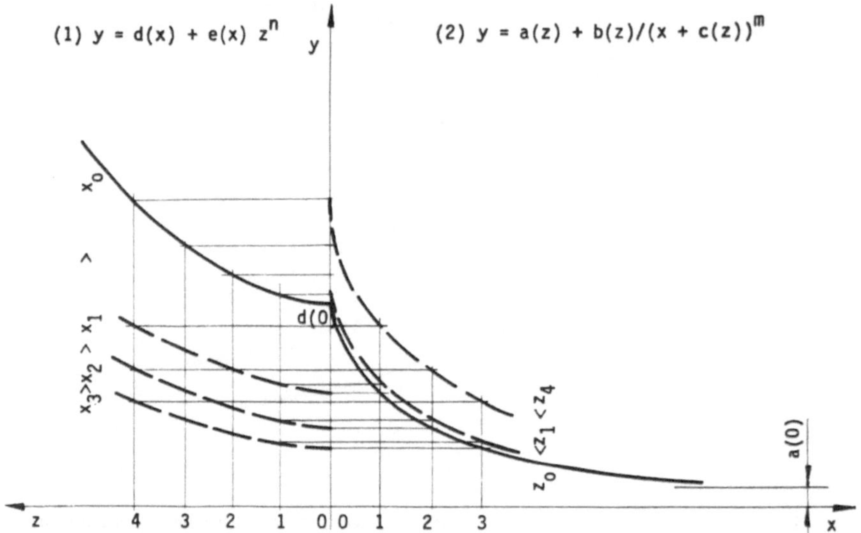

Abb. 12: Intensität regenerativer Akte als Funktion von Nutzungsintensität und Wartungsintensität

Für eine Parametrisierung von Gleichung (1) wird daraus ersichtlich, daß das Glied
$d\,(x)$ jeweils den Ordinatenwert von Gleichung (2) für $z = 0$ annimmt.

$$d\,(x) = a\,(0) + b\,(0)\,/\,(x + c\,(0))^{m}. \tag{3}$$

Für beliebige z schreiben wir daher für Gleichung (1)

$$y = a\,(0) + b\,(0)\,/\,(x + c\,(0))^{m} + e\,(x)\,z^{n}. \tag{4}$$

Nach entsprechender Umformung von Gleichung (4) erhalten wir die angestrebte Darstellung der Leistung als Funktion von den konkurrierenden Instandhaltungsaktivitäten x und y

$$z = \{[y - a\,(0) - b\,(0)\,/\,(x + c\,(0))^{m}]\,/\,e\,(x)\}^{1/n}. \tag{5}$$

(Gleichung (5) wird natürlich ebenfalls erhalten, wenn man den Weg der Parametrisierung von Gleichung (2) einschlägt.)

Für positive Konstanten und Exponenten erhalten wir für nichtnegative x und y — und nur solche interessieren uns — einen konvexen Körper, dessen Bild in der axionometrischen Darstellung in Abbildung 13 wiedergegeben ist.

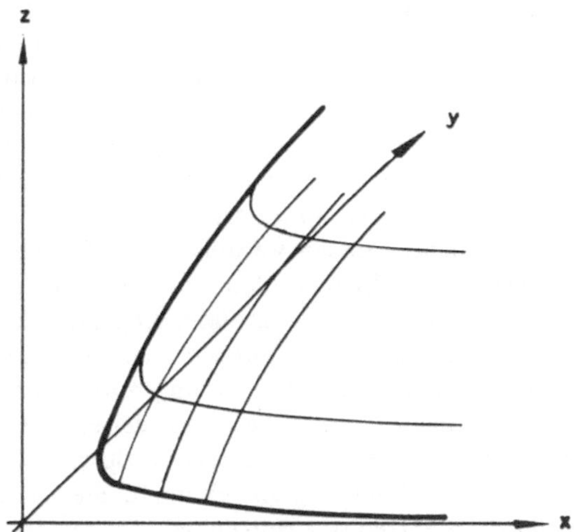

Abb. 13: Die Ertragsfunktion des Instandhaltungsprozesses

Transformiert man nun z, wie eingangs besprochen, in den maschinenspezifischen Output und bezeichnet man diesen als Ertrag des maschinellen Produktionsprozesses, so können wir Gleichung (5) als Ertragsgebirge des maschinellen Produktionsprozesses in Abhängigkeit von den Instandhaltungsaktivitäten interpretieren. Die Isoquanten dieses Ertragsgebirges wurden bereits in Abbildung 6 und in Abbildung 12 als Funktion zwischen regenerativer Instandhaltungsintensität und Wartungsintensität bei parametrisch variierter Leistung (maschinenspezifischer Output) dargestellt.

Führt man eine kostenmäßige Bewertung der in Grenzen substituierbaren Instandhaltungsaktivitäten durch, kann durch Ableitung der Minimalkostenkombination die optimale Aufteilung der konkurrierenden Instandhaltungsaktivitäten bei gegebenen Leistungen durchgeführt werden. Für ein bestimmtes Tribosystem liegt dann fest, welche Instandhaltungsintensitäten bei einer bestimmten Leistung zum Kostenminimum führen. Funktionen, die die Intensität (Anzahl der Aktivitäten je Zeiteinheit) einer Instandhaltungsaktivität beschreiben, bezeichnen wir nach Kilger als Faktoreinsatzfunktionen [*Kilger*, 1958, S. 63] und Funktionen, die die Intensität einer Instandhaltungsaktivität je Outputeinheit abbilden, nach Gutenberg als Verbrauchsfunktionen [*Gutenberg*, S. 327].

Derartige Faktoreinsatz- bzw. Verbrauchsfunktionen lassen sich für alle Tribosysteme eines Potentialfaktors festlegen. Wirtschaftlich sinnvoll ist aber eine Beschränkung auf jene Verschleißfaktoren, deren Ersatz mit erheblichen Kosten verbunden ist, wie Getriebe, Hauptlagerungen, Gleitführungen etc., oder im Produktionsablauf häufig zu erfolgen hat, wie z.B. Werkzeuge. Aus der Aggregation von Verschleißfaktorverbrauchsfunktionen und den in der Literatur hinlänglich beschriebenen Repetierfaktorverbrauchsfunktionen [z.B. *Haberstock*, S. 123–145] kann dann die optimale Intensität des Betriebes eines Potentialfaktors abgeleitet werden (siehe Anhang).

Wird von der optimalen Intensität wegen der Notwendigkeit einer intensitätsmäßigen Anpassung oder wegen anderer Restriktionen (Oberflächenqualität, Maßgenauigkeit der Produkte, u.a.m.) abgegangen, erhebt sich die Frage, ob mit der damit verbundenen Leistungsvariation auch ein Variieren der Instandhaltungsintensitäten sinnvoll ist. Diese Frage ist zu bejahen, denn verharrt man bei der für die optimale Nutzungsintensität abgeleiteten Wartungsintensität, so wird für Leistungen über der kostenminimalen Leistung der Verschleißprozeß beschleunigter ablaufen, während bei geringerer Beanspruchung ein Zuviel an Wartung den Verschleißprozeß in einer Weise verlangsamt, das bei Berücksichtigung der Regenerationskosten eines Verschleißteiles nicht gerechtfertigt ist. Der Endzustand, dem ein Verschleißprozeß zustrebt, ist durch das Verschleißkriterium gegeben. Betrachten wir den Prozeß nach Erreichen eines Zustandes, der noch nicht dem Verschleißkriterium genügen möge, so erkennen wir, daß für eine kostenminimale Politik nur die kostenminimale Transformation vom jeweiligen Ausgangszustand in den Endzustand unter den jeweiligen Restriktionen in Frage kommt, und zwar unbeachtlich der Art und Weise, wie der Prozeß in den betrachteten Ausgangszustand gelangt ist. Diese dem Optimalitätsprinzip von *Bellman* [1967, S. 88] entsprechende Aussage liefert die Handlungsanweisung für die Gestaltung der Instandhaltungspolitik, speziell für das Setzen von Wartungsaktivitäten, wenn aus den oben erwähnten Gründen von einer Nutzung mit der optimalen Intensität abgegangen werden muß. Abbildung 14 dient zur Verdeutlichung dieser Vorgangsweise.

Auf der Abszisse von Abbildung 14 sind einander äquivalente Standzeiten bzw. Standzeitintervalle abgetragen. Beginnen wir die Nutzung mit einer Intensität von N_3 und schalten wir nach t_{13} auf die Leistung N_1 um, dann befinden wir uns an einem Punkt des Verschleißprozesses, den wir bei einer Leistung von N_1 bereits nach einer Zeit von t_{01} erreicht hätten. Die nun folgende Nutzung während des Intervalles $t_{11} - t_{01}$ findet unter den für die Leistung N_1 optimalen Bedingungen statt. Zu t_{11} wird nochmals umgeschaltet, und zwar auf N_2. Der zum Zeitpunkt der Umschaltung gegebene Verschleißzustand wäre für den bei N_2 unter optimalen Wartungsbedingungen charakteristischen Verschleißverlauf zu t_{02} erreicht worden. Zu t_{12} muß dann das Tribosystem ausgetauscht werden, da das Verschleißkriterium erreicht wurde. Für die Minimierung der dabei auftretenden Gesamtkosten (Wartungs- und Regenerationskosten) ist es dabei unwesentlich, mit welchen Leistungen das Verschleißkriterium erreicht wurde, wenn dabei nur jeweils die den Leistungen entsprechenden optimalen Wartungsintensitäten eingehalten wurden.

Im folgenden Abschnitt leiten wir die Minimalkostenkombination für die Instandhaltung eines Tribosystems ab und beschäftigen uns mit der Gestalt von Verbrauchsfunktion für Verschleißfaktoren.

Es sei an dieser Stelle nochmals darauf hingewiesen, daß ein stetiger Verlauf der abgeleiteten Kurven nur aus Bequemlichkeitsgründen für die formale Analyse angenommen wird, damit Differenzierbarkeit gegeben ist. Aber auch für praktische Betrachtungen dürften sich die Kurvenverläufe hinreichend genau durch differenzierbare Kurven annähern lassen. Zudem ist zu bemerken, daß die hier benutzten Ausgangsdaten der Ergebnisse von Opitz auch nur „Mittelwertcharakter" haben können, da kein Versuch

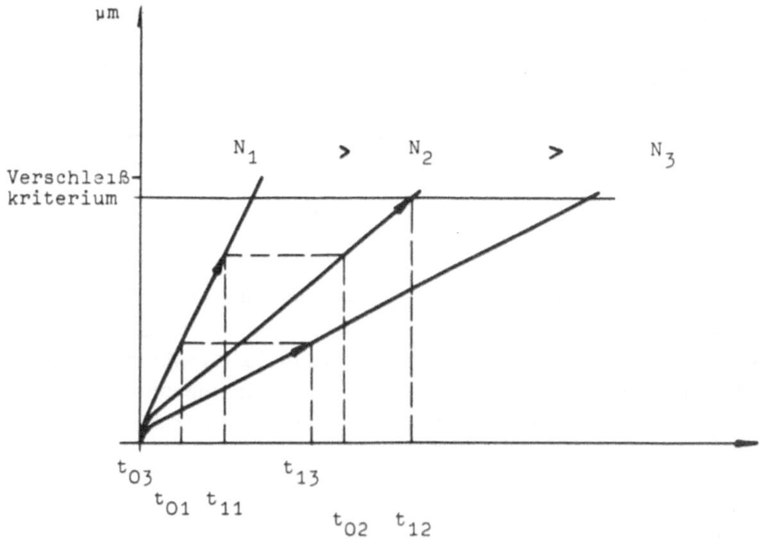

Abb. 14: Zur Anpassung der Wartungsintensität bei Variationen in der Intensität der Nutzung

bei mehrmaliger Wiederholung quantitativ gleiche Ergebnisse liefert. Über die Gewinnung aktueller Werte unter den Bedingungen der Produktion, die zur Steuerung des Verschleißprozesses dienen könnten, sei auf die Arbeit von Spur und die dort angegebene Literatur verwiesen [*Spur*, S. 132ff., S. 288ff.].

3. Die Minimalkostenkombination in der Instandhaltung und Verschleißfaktorverbrauchsfunktionen

Nachdem die Substitutionsmöglichkeiten zwischen den beiden Gruppen von Instandhaltungsmaßnahmen offengelegt wurden, stehen wir vor einem Optimierungsproblem: wie soll das Verhältnis der beiden Instandhaltungsaktivitäten zueinander gewählt werden, damit ein ökonomisches Zielkriterium erreicht wird. Da das Resultat einer Anpassungsentscheidung eine Entscheidung über die Intensität der Nutzung einer Anlage ist, die die Bewegungs- und Belastungsverhältnisse an einem betrachteten Tribosystem determiniert, kann als ökonomisches Ziel des Instandhaltungsprozesses die Kostenminimierung installiert werden: für die jeweilige aus der Anpassungsentscheidung resultierende Nutzung des Tribosystems ist die kostenminimale Aufteilung zwischen regenerativen Instandhaltungsaktivitäten und der Wartung zu suchen. Wir beginnen dabei mit einer statischen Analyse, d.h. Faktoreinsätze und Faktorpreise mögen nicht von der Zeit abhängen (Abschnitt 3.1). In weiterer Folge (Abschnitt 3.2) werden die Faktoreinsätze dynamisiert.

3.1 Konstante Faktoreinsätze und konstante Preise

Bezeichnet man die Kosten für die gesamten Instandhaltungsaktivitäten mit K, die Kosten für eine regenerative Instandhaltungsmaßnahme mit r und die Kosten für einen Wartungsakt mit q, dann erhält man für y notwendig werdende Verschleißfaktorersätze je betrachteter Periode bei x Wartungsaktivitäten im selben Zeitraum Kosten von

$$K = r \cdot y + q \cdot x.$$

Trägt man diese Kostenfunktion als Isokostenlinie in Abbildung 15 mit dem Abszissenwert K/q und dem Ordinatenwert K/r ein, so erhält man das für eine Minimalkostenkombination typische Bild. Die minimalen Instandhaltungskosten werden bei gegebener Inanspruchnahme dort erreicht, wo die Isokostenlinie eine Isoquante des maschinenspezifischen Outputs für eine gegebene Produktionsaufgabe berührt.

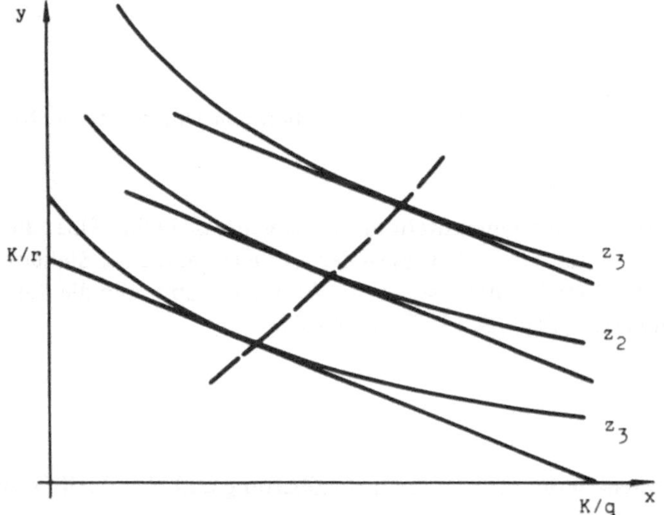

Abb. 15: Minimalkostenkombination konkurrierender Instandhaltungsaktivitäten

Wir erhalten folgenden Ansatz

Minimiere $K = ry + qx$ unter der Nebenbedingung

$$z = f(x, y).$$

Wählen wir den Lagrangeschen Ansatz zur Lösung dieses Optimierungsproblems

$$L = ry + qx + \lambda \, (f(x, y) - z)$$

so erhalten wir als notwendige Bedingungen für eine kostenminimale Aufteilung der konkurrierenden Instandhaltungsaktivitäten

$$\frac{\partial L}{\partial x} = q + \lambda \; \frac{\partial f(x, y)}{\partial x} = 0$$

$$\frac{\partial L}{\partial y} = r + \lambda \; \frac{\partial f(x, y)}{\partial y} = 0.$$

Bezeichnen wir die partiellen Ableitungen von $f(x, y)$ nach den unabhängigen Variablen — wie in der Produktionstheorie üblich — als marginale Produktivitäten, MP, so erhalten wir das bekannte Ergebnis

$$\frac{MP_x}{MP_y} = \frac{q}{r} \, ,$$

aus dem der kostenminimale Pfad für die Anpassung der Instandhaltungsaktivitäten (Expansionspfad) bei einer Leistungsvariation abgeleitet werden kann (Abb. 15).

Betrachten wir nun das Problem der Minimalkostenkombination für die im vorangegangenen Abschnitt abgeleitete Produktionsfunktion. Zuvor wollen wir jedoch, um nicht zu allgemein zu bleiben, untersuchen, ob Annahmen über die Gestalt der Parameter gemacht werden können. Für eine Leistungsvariation kann offenbar angenommen werden, daß bei zunehmender Leistung die Mindestintensität a regenerativer Instandhaltungsaktivitäten bei jeder möglichen Wartungsintensität ansteigen wird. Die Kurve für das Substitutionsverhältnis wird daher bei steigender Leistung aus diesem Grund nach oben verschoben werden, d.h. wir müssen a jedenfalls als Funktion von z auffassen. Umgekehrt gilt — wie aus Abbildung 12 ersichtlich —, daß die Intensität regenerativer Akte für jede mögliche Leistung bei steigender Wartungsintensität sinkt, mithin d als Funktion von x aufgefaßt werden muß. Nicht notwendigerweise müssen aber die Parameter b und c unter dem Einfluß der Variablen z und e unter dem Einfluß von x variieren. Es kann damit durchaus — auch unter Beachtung der in der Praxis gegebenen Bandbreite für die Leistungsvariation — die Hypothese vertreten werden, daß sich zwar die Lage, aber nicht die Gestalt der beiden die Produktionsfunktion gestaltenden Funktionen ändert. Wir werden diese Annahme für die weitere formale Analyse benutzen, da sie durchaus nicht praxisfern erscheint, und überdies Annahmen über die genaue Gestalt der Parameter aus den bisher vorliegenden Daten tribologischer Untersuchungen nicht abzuleiten sind.

Wir legen damit, entsprechend Gleichung (5), folgende Funktion der weiteren Minimalkostenbetrachtung als Restriktion zugrunde, wobei wir aus Vereinfachungsgründen künftig für a (0) nur mehr a schreiben werden

$$z = ((y - a - b / (x + c)^m) / e)^{1/n}.$$

Wir erhalten nun folgendes Minimierungsproblem:

$$\text{Minimiere } K = ry + qx \tag{6}$$

unter der Nebenbedingung

$$z = ((y - a - b / (x + c)^m) / e)^{1/n}. \tag{7}$$

Wir erhalten für die marginalen Produktivitäten

$$MP_x = ((y - a - b / (x + c)^m) / e)^{(1-n)/n} \, mb/en \, (x + c)^{m+1} \tag{8}$$

$$MP_y = ((y - a - b / (x + c)^m) / e)^{(1-n)/n} /en \tag{9}$$

und als notwendige Bedingung für die Kostenminimierung aus

$$\frac{MP_x}{MP_y} = \frac{q}{r}$$

$$\frac{q}{r} = mb / (x + c)^{m+1} . \tag{10}$$

Lösen wir nach x auf, so erhalten wir als Gleichung für den Expansionspfad

$$x = \left(\frac{rmb}{q} \right)^{1/(m+1)} - c, \tag{11}$$

einen konstanten Wert für x, der bei gegebener Gestalt der involvierten Funktionen vom Verhältnis der Preise r und q zueinander bestimmt wird. Seine geometrische Erklärung hat dieses in Abbildung 16 dargestellte Ergebnis in der Tatsache, daß die Leistungsvariation voraussetzungsgemäß nur eine äquidistante Verschiebung der Substitutionskurve bewirkt. Ein konstantes x bedeutet aber natürlich nicht, daß y von x unabhängig sein muß, sondern nur, daß obwohl eine Abhängigkeit zwischen x und y besteht, ein $x = $ const. optimal ist.

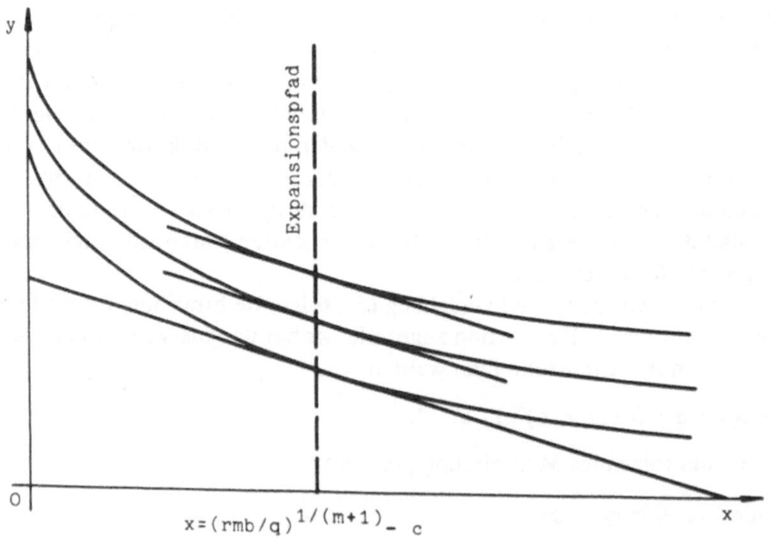

Abb. 16: Minimalkostenkombination bei äquidistanten Isoquanten

Setzen wir das Ergebnis für x (Gleichung (11)) in Gleichung (7), die Produktionsfunktion, ein, erhalten wir

$$z = ((y - a - b/(rmb/q)^{m/(m+1)})/e)^{1/n} \tag{12}$$

die Produktionsfunktion mit nur einer unabhängigen Variablen, nämlich y, der Intensität für regenerative Instandhaltungsaktivitäten.

Lösen wir Gleichung (12) nach y auf, erhalten wir die Faktoreinsatzfunktion für das betrachtete Tribosystem in Abhängigkeit von der Intensität der Nutzung und dem Preisverhältnis für die konkurrierenden Instandhaltungsaktivitäten r und q

$$y = ez^n + a + b/(rmb/q)^{m/(m+1)}. \tag{13}$$

Die monetäre Faktoreinsatzfunktion wird nach Multiplikation von (13) mit r, dem Preis für eine regenerative Instandhaltungsaktivität erhalten

$$ry = rez^n + ar + (br)^{1/(m+1)}/(m/q)^{m(m+1)} \tag{14}$$

und hat die gleiche Gestalt wie die Kurven der Kurvenscharen in den Abbildungen 10 und 12, für die x entsprechend Gleichung (11) gilt — geändert hat sich nur der Ordinatenmaßstab (Abb. 17).

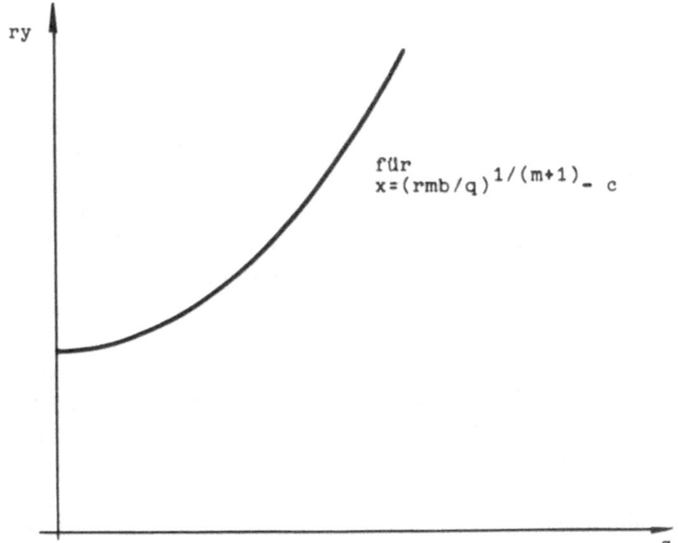

Abb. 17: Monetäre Verschleißfaktoreinsatzfunktion

Die Faktoreinsatzfunktion für den aggregierten Faktor Wartung ist bereits durch Gleichung (11) gegeben, die monetäre Einsatzfunktion wird durch Multiplikation mit dem Preis für eine Wartungsaktivität (q) erhalten

$$qx = (rmb)^{1/(m+1)} q^{m/(m+1)} - cq \tag{15}$$

und ist im Wartungs-Leistungsdiagramm (Abb. 18) eine Parallele zur Abszisse. Dies bedeutet, daß die Wartungsintensität nicht von der Leistung, dem maschinenspezifischen Output, abhängt. Gewartet muß also sowohl bei Leerlaufbetrieb als auch bei Maximallast mit der gleichen Intensität werden. Die Intensität der Wartung hängt dabei — wie aus Gleichung (11) ersichtlich — außer von technologischen Faktoren des Tribosystems nur vom Preisverhältnis der konkurrierenden Instandhaltungsaktivitäten r/q ab.

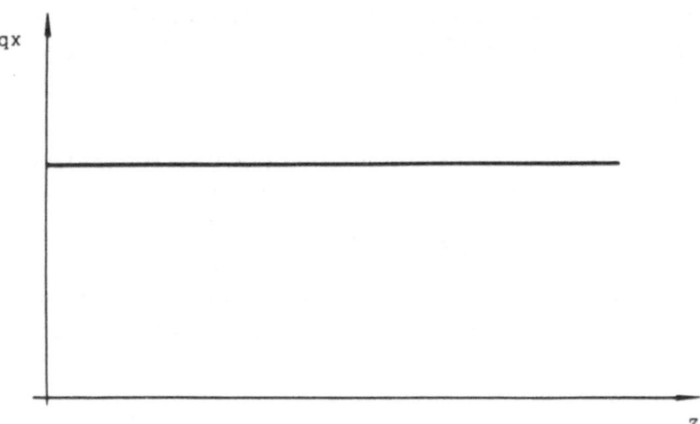

Abb. 18: Monetäre Wartungseinsatzfunktion

Aus dieser Leistungsinvarianz der Instandhaltungskosten kann jedoch nicht geschlossen werden, daß die Wartungskosten Fixkosten sind. Wenn die Maschine nicht läuft, und damit das betrachtete Tribosystem ruht, sind auch keine Wartungsaktivitäten notwendig. Wir gehen dabei davon aus, daß keine so langen Stillstandszeiten eintreten, die bereits Aktivitäten ähnlich Stillegungs- und Wiederingangsetzungsarbeiten notwendig erscheinen lassen. Derartige Aktivitäten lassen wir in unserer Arbeit in diesem Zusammenhang unberücksichtigt.

Die Wartungskosten weisen damit eine 0—1 Variabilität auf. Wird genutzt, so fallen sie in bestimmter, aber vom Ausmaß der verlangten Leistung unabhängigen Höhe an.

Die hier erarbeiteten Ergebnisse beruhen auf der eingangs begründeten Annahme, daß die die Produktionsfunktion generierenden Funktionen bei einer Parametrisierung mit der Leistung wohl der Lage, aber nicht der Gestalt nach, verändert werden. Wollten wir diese Annahme fallen lassen und e als Funktion von x, der Wartungsintensität, auffassen, so hätten wir bei dem gegebenen Aufbau der Produktionsfunktion (siehe Abb. 12) auch eine Parametrisierung der Konstanten b und c nach z erreicht.

Als Restriktion für die Minimalkostenkombination würde dann die Produktionsfunktion

$$z = ((y - a\,(0) - b\,(0)\,/\,(x + c\,(0))^m)\,/\,e\,(x))^{1/n}$$

erhalten. Wir verzichten jedoch auf eine Herleitung des Ergebnisses in dieser allgemeinen Form, da es wenig Aussagekraft hat und keine neuen Einsichten bringt.

3.2 Der Einfluß des Verschleißfortschritts auf Faktoreinsätze

Für die in Abschnitt 3.1 gegebene statische Analyse des Instandhaltungsprozesses waren konstante Preise für die Faktoreinsätze und ein in seinem Ausmaß genau spezifiziertes materielles Verschleißkriterium kennzeichnend. Für jedes beliebige zulässige z wurde eine Kombination von x und y gefunden, die die Restriktion in Gleichheitsform erfüllte. Kombinationen, die die Restriktion inaktiv werden lassen, wurden als ineffektiv außer Betracht gelassen.

Der Fall 3 der betriebswirtschaftlichen Erscheinungsformen des Verschleißes läßt aber auch ein anderes, als das aus der Dauergebrauchsgenauigkeit abgeleitete Verschleißkriterium zu.

Da mit dem stetigen Fortschreiten des Verschleißprozesses auch eine kontinuierliche Verschlechterung des Wirkungsgrades (Verhältnis der aus dem Tribosystem austretenden Leistung zur eintretenden Leistung) einhergeht, wird der Einsatz des Faktors Energie während der Nutzungsdauer des Tribosystems ebenfalls eine Steigerung erfahren, will man nicht Leistungseinbußen in Kauf nehmen. Dieser zusätzliche, durch den Verschleißfortschritt bedingte Energieverbrauch kann nun ein Ausmaß annehmen, das einen Ersatz des Tribosystems angezeigt erscheinen läßt, obwohl das Dauergebrauchsgenauigkeitsverschleißkriterium noch nicht erreicht wurde. Auch andere Faktoren, wie z.B. steigender Schmiermittelbedarf durch zu groß werdenden Schmierspalt, aber auch die Faktoreinsätze für die Instandhaltungsaktivitäten selbst, können in ähnlicher Weise vom Fortschreiten des Verschleißprozesses betroffen sein.

Um den Einfluß dieser Wirkungen auf den Instandhaltungsprozeß zu berücksichtigen, müssen auch solche Kombinationen von x und y zugelassen werden, die bei statischer Betrachtung als ineffizient ausgewiesen werden. Insbesondere ist bei gegebener Leistung z und gegebener Instandhaltungsintensität x eine Frequenz y für regenerative Maßnahmen zuzulassen, die über der aus der statischen Analyse erhaltenen Frequenz liegt. Für die Einbeziehung derartiger, auf den Verschleißfortschritt zurückzuführender (und damit auch zeitlicher) Trends wird folgende Vorgangsweise gewählt. Der verschleißbedingte Mehrverbrauch eines Faktors wird zu konstanten Preisen bewertet in die Kostenfunktion der Minimalkostenkombination des Instandhaltungsprozesses aufgenommen und als Funktion der Leistung z und der Instandhaltungsaktivitäten formuliert. Da dieser Mehrverbrauch von der Entscheidung über die Länge des Regenerationsintervalles abhängt, kann er der Regenerationsentscheidung zugerechnet werden. Diese Vorgangsweise ist als Dynamisierung des Mengengerüstes der Regenerationskosten aufzufassen.

Für die Problembehandlung verzichten wir auf eine Einbeziehung mehrerer explizit zu nennender Repetierfaktoren. Wir diskutieren dieses Problem anhand eines nicht näher spezifizierten Faktors v $(z, \dot{x}, t)$, dessen mengenmäßiger Einsatz bei konstantem Preis p von der verlangten Leistung z (maschinenspezifischer Output) und dem Verschleißzustand, also der Verschleißrate und der Nutzungsdauer t abhängt. Als Verschleißrate $\dot{x}$ bezeichnen wir die Ableitung des materiellen Verschleißes nach der Zeit.

Bezeichnen wir mit v_0 (z) den Faktoreinsatz am unverschlissenen Tribosystem, so läßt sich der Mehrverbrauch eines Faktors, bewertet zum Preis p, wie folgt darstellen

$$\int_0^{1/y} p\,(v\,(z,\mathbf{x},t) - v_0\,(z))\,dt = p \int_0^{1/y} f\,(z,\dot{\mathbf{x}},t)\,dt,$$

wenn wir den Beginn der Nutzung mit $t = 0$ wählen und das Ende der Nutzung durch den reziproken Wert der Intensität regenerativer Instandhaltungsaktivitäten y anzeigen.

Für die folgende Analyse wollen wir noch unterstellen, daß der Faktorverbrauch einem linearen Trend folgt, was sicherlich vielen Gegebenheiten der Praxis genügend genau entspricht und eine überschaubare Behandlung in der formalen Analyse gewährleistet.

Wir erhalten somit folgende Verbrauchsfunktion

$$v\,(z,\dot{\mathbf{x}},t) = v_0\,(z) + \dot{\mathbf{x}}kt$$

und für den Mehrverbrauch des Faktors während eines Regenerationsintervalles

$$p \int_0^{1/y} (v\,(z,\dot{\mathbf{x}},t) - v_0\,(z))\,dt = \int_0^{1/y} pk\dot{\mathbf{x}}t\,dt \tag{16}$$

wobei k eine empirisch festzustellende Konstante ist, die die unterschiedliche Dimension von Verschleißrate und Faktoreinsatz berücksichtigt.

Die im Integranden enthaltene Verschleißrate $\dot{\mathbf{x}}$ ist, wie aus den Abbildungen 5 und 9 hervorgeht, als Funktion der Leistung z und der Intensität der Wartung x aufzufassen. Berücksichtigt man, daß in allen zitierten Fällen zumindest bis zum Erreichen der Dauergebrauchsgenauigkeitsgrenze — abgesehen vom Einlaufverschleiß — annähernd konstante Verschleißraten dargestellt sind, lassen sich begründete Annahmen über die Gestalt der Verschleißrate als Funktion von Leistung und Wartungsintensität machen.

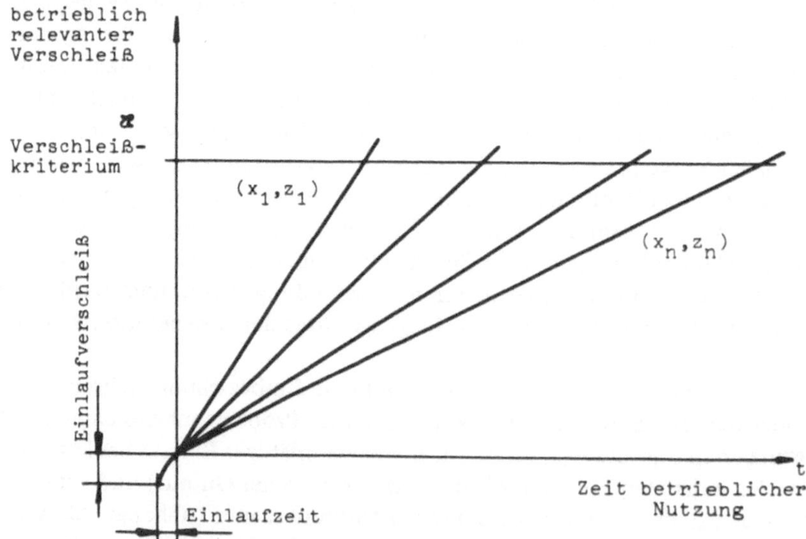

Abb. 19: Betrieblich relevanter Verschleiß

Die Nichtberücksichtigung des Einlaufverschleißes stellt dabei keinen gravierenden Mangel dar, da die Aggregate vor Beginn der betrieblichen Nutzung in aller Regel als eingelaufen betrachtet werden können. Der betrieblich-relevante Nutzungsbeginn erfolgt somit erst, nachdem der Einlaufvorgang bei einer bestimmten Leistung und Wartungsintensität (eventuell nach Vorschriften des Herstellers) abgeschlossen ist. Das Bild der nach den Parametern variierten Verschleißlinien zeigt dann durch den Ursprung laufende Geraden (Abb. 19).

Wegen der im betrieblich relevanten Bereich festgestellten konstanten Verschleißraten kann die Grenzrate des Verschleißes dem Durchschnittsverschleiß im relevanten Bereich gleichgesetzt werden und die Gestalt der Verschleißrate $\dot{x}$ aus dem Dauergebrauchsgenauigkeitskriterium x und der dazugehörigen Ersatzfrequenz y abgeleitet werden.

Wir erhalten die Verschleißrate $\dot{x}$ als Produkt von Verschleißkriterium x und Ersatzfrequenz y

$$\dot{x}(x, z) = y\,x.$$

Setzt man für y Gleichung (4) ein, also

$$y = a + b/(x + c)^m + ez^n$$

und schreibt man verkürzend für das Produkt von x mit jeweils a, b und e, α, β und ϵ, erhalten wir für die Verschleißrate

$$\dot{x} = \alpha + \beta / (x + c)^m + \epsilon z^n. \tag{17}$$

Zum gleichen Ergebnis kommt man auch, wenn man die Substitutionsverhältnisse für ein infinitesimal kleines Verschleißkriterium im linearen Bereich untersucht.

Setzen wir Gleichung (17) in Gleichung (16) ein, erhalten wir nach der Integration für den verschleißbedingten Mehrverbrauch eines Faktors

$$\int_0^{1/y} pk\,\dot{x}\,t\,dt = \int_0^{1/y} pk\left(\alpha + \frac{\beta}{(x + c)^m} + \epsilon z^n\right) t\,dt$$

$$= \frac{pk}{2y^2}\left(\alpha + \frac{\beta}{(x + c)^m} + \epsilon z^n\right) = \frac{pk}{2y^2}\,\dot{x}(x, z).$$

Wir beziehen diesen verschleißbedingten Mehrverbrauch eines beliebigen Faktors in die Minimalkostenkombination des Instandhaltungsprozesses ein, da sein Ausmaß bei gegebener Leistung offenbar nur von den Instandhaltungsaktivitäten abhängt. Da dieser Mehrverbrauch in einer beliebigen zu betrachtenden Periode y-mal auftritt, erhalten wir folgende Kostengleichung zur Minimierung

$$\text{Minimiere } K = ry + qx + pk\,(\alpha + \beta/(x + c)^m + \epsilon z^n)\,/\,2y \tag{18}$$

unter der Nebenbedingung

$$y \geqslant a + b / (x + c)^m + ez^n. \tag{19}$$

Die Nebenbedingung (19) unterscheidet sich von der Nebenbedingung (7) materiell

überhaupt nicht. Der besseren Übersicht halber wurde Gleichung (7) nur nach y aufge-
löst, um durch das Setzen des Ungleichheitszeichens deutlich machen zu können, daß
auch eine höhere als die durch das Dauergebrauchsgenauigkeitskriterium zu fordernde
Frequenz zugelassen werden muß.

Zur formalen Behandlung dieses Problems, zu dem auch noch die Nichtnegativitäts-
bedingungen für x und y gehören, benutzen wir den Satz von Kuhn und Tucker
[*Chiang*, S. 706ff.].

Ausgehend von der Lagrangefunktion

$$L = ry + qx + pk\,(\alpha + \beta/(x + c)^m + \epsilon z^n)/2y + \lambda\,(a + b/(x + c)^m + ez^n - y)$$

können bei Vorliegen aller Voraussetzungen über Stetigkeit, Differenzierbarkeit, Kon-
vexität sowie der constraint-qualification (es muß eine zulässige Lösung existieren, für
die die Nebenbedingung als strikte Ungleichung erfüllt ist) folgende notwendige und
hinreichende Bedingungen für ein Minimum angeschrieben werden:

$$\frac{\partial L}{\partial y} = r - \frac{pk}{2y^2}\,(\alpha + \beta/(x + c)^m + \epsilon z^n) - \lambda \geqslant 0 \tag{20}$$

$$\frac{\partial L}{\partial x} = q - \frac{pk\,\beta\,m}{2y\,(x + c)^{m+1}} - \lambda\,\frac{bm}{(x + c)^{m+1}} \geqslant 0 \tag{21}$$

$$\frac{\partial L}{\partial y}\,y + \frac{\partial L}{\partial x}\,x = y\left(r - \frac{pk}{2y^2}\,(\alpha + \beta/(x + c)^m + \epsilon z^n) - \lambda \right) + \tag{22}$$

$$+ x\left(q - \frac{pk\,\beta\,m}{2y\,(x + c)^{m+1}} - \lambda\frac{bm}{(x + c)^{m+1}} \right) = 0$$

$$\frac{\partial L}{\partial \lambda} \leqslant a + \frac{b}{(x + c)^m} + ez^n - y \leqslant 0 \tag{23}$$

$$\frac{\partial L}{\partial \lambda}\,\lambda = \lambda\left(a + \frac{b}{(x + c)^m} + ez^n - y \right) = 0 \tag{24}$$

$$\lambda \geqslant 0. \tag{25}$$

Da nun y nicht nur nicht negativ sein darf, sondern positiv sein muß — irgendwann
wird der Verschleiß das Dauergebrauchsgenauigkeitskriterium erreichen, wenn sonst
keine Restriktionen vorliegen —, gilt für (20) das Gleichheitszeichen [*Stepan*, S. 19ff.].

Wir erhalten damit für

$$\lambda = r - pk\,(\alpha + \beta\,/\,(x + c)^m + \epsilon z^n)\,/\,2y^2) \tag{26}$$

die Differenz zwischen Regenerationskosten und bewertetem Faktormehrverbrauch;
also die Ersparnis, wenn für ein beliebiges $1/y$ auf eine vorzeitige Regeneration trotz

des verschleißablaufbedingt erhöhten Faktorverbrauchs verzichtet worden war. Für positive λ wird daher die Dauergebrauchsgenauigkeitsrestriktion aktiv, was durch Gleichung (24) erzwungen wird. Erreichen dagegen die Kosten des Mehrverbrauches die Regenerationskosten, wird λ gleich Null und Gleichung (24) ist auch erfüllt, wenn Ungleichung (23) erfüllt ist.

Setzen wir das Ergebnis für λ (Gleichung (26)) in Ungleichung (21) ein, erhalten wir folgendes Ergebnis:

$$q - \frac{pk\,\beta\,m}{2y\,(x+c)^{m+1}} - (r - pk\,(\alpha + \beta/(x+c)^m + \epsilon z^n)\,2y^2)\,\frac{bm}{(x+c)^{m+1}} \geqslant 0. \qquad (27)$$

Zur Interpretation von (27) sei bemerkt, daß für positive x wegen (22) wieder das Gleichheitszeichen gelten muß. Wir stellen die Interpretation zunächst auf den Fall von positiven Werten für x ab, das heißt, wir haben es mit einem zu wartenden Tribosystem zu tun und können (27) als Gleichung auffassen.

Für diesen Fall sind in Gleichung (27) die Auswirkungen einer infinitesimalen Variation der Wartungsintensität auf die Kosten des Instandhaltungsprozesses zusammengefaßt.

Der unmittelbaren Wirkung einer Intensitätsvariation auf die Kosten, dem Preis q für eine Wartungsaktion, stehen Auswirkungen auf den Faktorverbrauch des Faktors v und auf die Zeitspanne zwischen zwei Regenerationsakten mit den entsprechenden Konsequenzen gegenüber. Im zweiten Term von Gleichung (27) ist daher jene Veränderung in den Kosten berücksichtigt, die von einer Verminderung des Faktorverbrauches, infolge einer Senkung der Verschleißrate bei zunehmender Wartungsintensität, herrührt. Dies wird offensichtlich, wenn man

$$-\beta m\,/\,(x+c)^{m+1} = \dot{x}'$$

setzt.

Der dritte Term kommt nur zum Tragen, wenn λ, der Klammerausdruck, positiv ist. Nehmen wir dies an und setzen wir im 3. Term weiters für

$$-bm\,/\,(x+c)^{m+1} = y'$$

ein, also die Abnahme der Frequenz regenerativer Aktivitäten infolge steigender Wartungsaktivitäten, kann folgende Interpretation gegeben werden. Dieses Produkt evaluiert die Ersparnis infolge Erhöhung der Wartungsintensität an den durchschnittlichen Regenerationskosten zum Preis r, vermindert um die Kosten des Faktormehrverbrauches des Faktors v über das Ersatzintervall. Damit ist (27) als Gleichung wieder Ausdruck des Gleichgewichts für den Faktoreinsatz in der Produktionstheorie: die Grenzkosten der Wartung müssen im Optimum gleich sein den Grenzkosten der Regeneration. Zu beachten ist, daß in diesem Fall zu den Grenzkosten auch die Auswirkungen einer Intensitätsvariation auf den Faktorverbrauch von v zu zählen sind.

Da für positive λ die Dauergebrauchsgenauigkeitsrestriktion aktiv wird, können wir für die Grenzrate des Verschleißes

$$\dot{x} = (\alpha + \beta\,/\,(x+c)^m + \epsilon z^n) = xy$$

gemäß Gleichung (16) in (27) einsetzen und erhalten, wenn wir beachten, daß wegen $x > 0$ das Gleichheitszeichen gilt

$$q - \frac{pk\,\beta\,m}{2y\,(x+c)^{m+1}} - (r - pk\,x/2y)\,\frac{bm}{(x+c)^{m+1}} = 0. \tag{28}$$

Wir bemerken noch, daß für $xb = \beta$ geschrieben werden kann und erhalten mit

$$x = (rmb/q)^{1/(m+1)} - c \tag{29}$$

und

$$y = a + \frac{b}{(x+c)^m} + ez^n$$

ein Ergebnis, das uns aus der statischen Analyse bereits bekannt ist. Damit ist nachgewiesen, daß bei zu wartenden Systemen ($x > 0$) und aktiver Dauergebrauchsgenauigkeitsrestriktion ($\lambda > 0$) der steigende Faktorverbrauch keinen Einfluß auf die Wartungspolitik hat. Die bei einer Steigerung der Wartungsintensität zu erwartende Einsparung an Mehrkosten des Faktorverbrauchs v infolge der Senkung der Verschleißrate werden egalisiert durch den Mehrverbrauch, der aus der Verlängerung des Regenerationsintervalles resultiert, der ja bei einer Intensitätsvariation der Wartung simultan mit der Senkung der Verschleißrate auftritt.

Die materiellen und monetären Faktoreinsatzfunktionen für x und y sind somit mit den Gleichungen (11) und (15) bzw. (13) und (14) identisch. Zur Darstellung der monetären Faktoreinsatzfunktionen wird auf die Abbildungen 17 und 18 verwiesen.

Für den Fall $\lambda = 0$ erhalten wir aus (20) bzw. (26) und (21) zwei Bestimmungsgleichungen für x und y

$$r = pk\left(\alpha + \frac{\beta}{(x+c)^m} + ez^n\right)2y^2 \tag{30}$$

$$q = pk\,\beta\,m/2y\,(x+c)^{m+1}. \tag{31}$$

Demnach ist der Regenerationsakt zu setzen, wenn der Faktormehrverbrauch bei einem Niveau der Wartungsintensität die Regenerationskosten erreicht, das ebenfalls durch eine Gleichgewichtssituation gekennzeichnet ist: Der Preis einer Wartungsaktion muß den Einsparungen an Faktormehrverbrauch infolge der durch die Wartung bewirkten Senkung der Verschleißrate entsprechen.

Da dieses Gleichungssystem wegen der fehlenden Spezifizierung der (tribologischen) Exponenten unbestimmten Grades ist, muß von einer Auflösung nach x und nach y, jeweils als Funktion von z, also auf die Darstellung der Einsatzfunktion, verzichtet werden.

Wir wenden uns nun dem Fall von $x = 0$ zu. Für diesen Fall muß wegen der Nichtnegativitätsbedingung für x auch ein Optimum akzeptiert werden, das nicht oder nur zufällig durch eine verschwindende partielle Ableitung nach x gekennzeichnet ist. Es muß daher das Ungleichheitszeichen in Gleichung (27) gelten, und zwar in der angegebenen Richtung. Für ein Minimum (Infimum) kann bei $x = 0$ nur eine positive Ableitung auftreten, da bei einer negativen Ableitung an der Stelle $x = 0$ das Minimum offenbar bei einem positiven x liegen muß [*Hadley*, S. 229ff.; *Stepan*, S. 19], wie die tieferstehende Skizze zeigt.

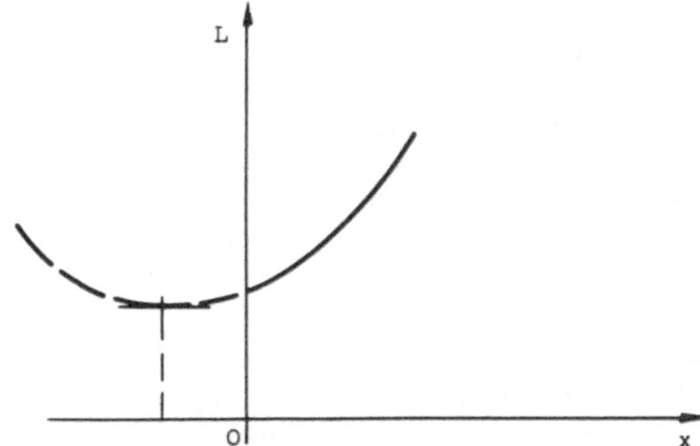

Die Interpretation von Gleichung (27) für den Fall $x = 0$ mit und ohne aktiver Dauergebrauchsgenauigkeitsrestriktion kann in ähnlicher Weise gegeben werden, wie für den Fall eines positiven x. Die unmittelbaren Kosten einer infinitesimalen Variation der Wartung sind hier jedenfalls so hoch, daß sie durch keine der in Gleichung (27) durch die Terme zwei und drei ausgedrückten Einsparungen kompensiert werden können. Dieser Fall hat durchaus praktische Relevanz, und zwar betrifft er alle wartungsfrei konzipierten Tribosysteme, wie Kunststofflagerungen im Feinwerksbau oder Sinterlager und Kugellager mit Fettfüllung, die — konstruktiv bedingt — schwer zugänglich sind u.ä.m. Da diese Tribosysteme entweder tatsächlich nicht wartbar sind, oder eine Wartung nicht erwartet werden kann, weil der Benützer vom Produzenten auf eine Wartungsmöglichkeit nicht hingewiesen wird, kann q als unendlich anwachsend angenommen werden, womit das Ungleichheitszeichen in Gleichung (27) jedenfalls erfüllt ist. Die Intensität der Regeneration y ist damit ausschließlich durch (19) und (20) in Gleichheitsform bestimmt.

Für positive λ gilt die Dauergebrauchsgenauigkeitsrestriktion (19) und für $\lambda = 0$ (20) in Gleichungsform bzw. Gleichung (26), da y positiv sein muß. Die Regenerationsintensität y ist nun dadurch bestimmt, ob der bewertete kumulierte Mehrverbrauch des Faktors v bereits vor Erreichen der Dauergebrauchsgenauigkeitsgrenze die Regenerationskosten übersteigt oder nicht. Damit hängt die Bestimmungsgleichung für y vom Verschleißkriterium der Dauergebrauchsgenauigkeit ab.

Um nun zu ermitteln, welche Bestimmungsgleichung Gültigkeit hat, setzen wir in Gleichung (26) für $x = 0$ und für y (19) als Gleichung, also die Dauergebrauchsgenauigkeitsrestriktion, ein. Wir erhalten dann

$$\lambda = (r - pk\, \mathbf{x} \, / \, 2\,(a + b/c^m + ez^n)) \tag{32}$$

wenn wir zusätzlich noch Gleichung (17)

$$\dot{\mathbf{x}} = \alpha + \beta \, / \, (x + c)^m + ez^n = \mathbf{x}\,(a + b/c^{m\cdot} + ez^n)$$

berücksichtigen.

Wird nun λ positiv (Gleichung (32)), d.h. der bewertete Faktormehrverbrauch übersteigt nicht die Regenerationskosten, so wird das Tribosystem bis zum Erreichen des Dauergebrauchsgenauigkeitskriteriums **x** genutzt und es gilt

$$y = a + b/c^m + ez^n. \tag{33}$$

Erreicht bzw. übersteigt jedoch der bewertete Faktormehrverbrauch nach Gleichung (32) die Regenerationskosten in dem für die Erreichung des Dauergebrauchsgenauigkeitskriteriums notwendigen Zeitraum, so ist y alternativ für $\lambda = 0$ aus Gleichung (26) zu bestimmen, und wir erhalten als Faktoreinsatzfunktion

$$y = (pk\,(\alpha + \beta/c^m + \epsilon z^n)\,/\,2r)^{1/2}. \tag{34}$$

Für ein gegebenes Tribosystem kann für den wartungsfreien Fall aus Gleichung (32) jene Grenzleistung ermittelt werden, bis zu der Gleichung (34) und ab der Gleichung (33) als Faktoreinsatzfunktion gilt. Man erreicht dies durch Nullsetzen von Gleichung (32) und Auflösen nach z:

$$z_{\mathrm{Grenze}} = \left(\frac{pk\,\mathbf{x}}{zre} - \frac{a}{e} - \frac{b}{ecm} \right)^{1/n}. \tag{35}$$

Die monetären Faktoreinsatzfunktionen werden wieder durch Multiplikation mit den Faktorpreisen erhalten. Für den Fall der aktiven Dauergebrauchsrestriktion gilt nach Gleichung (33)

$$ry = r\,(a + b/c^m + ez^n) \tag{36}$$

sonst entsprechend Gleichung (34)

$$ry = (rpk/2\,(\alpha + \beta/c^m + \epsilon z^n))^{1/2}. \tag{37}$$

Die Gleichungen (36) und (37) sind für nicht näher beschriebene Preise und Parameter in Abbildung 20 dargestellt.

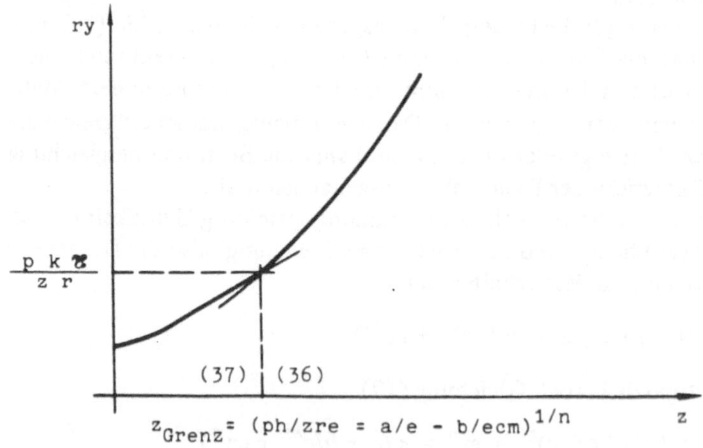

Abb. 20: Monetäre Verschleißfaktoreinsatzfunktion für den wartungsfreien Fall

4. Das diskontierte Modell der Minimalkostenkombination in der Instandhaltung

Die im vorangegangenen Abschnitt aufgestellten Verschleißfaktorverbrauchsfunktionen wurden ohne Beachtung des Einflusses der Zeit auf die Mengen und Wertkomponente des Instandhaltungsprozesses gemacht. Der Einfluß der Zeit auf die Mengenkomponente geht von begrenzten Zeiträumen für die Nutzung eines Potentialfaktors aus und wirft folgende Fragen auf: Wie oft soll ein Verschleißteil bei gegebener Nutzungsdauer des gesamten Potentialfaktorkomplexes erneuert werden und wodurch ist die (optimale) Nutzungsdauer eines Potentialfaktors bestimmt?

Der Einfluß der Zeit auf die Wertkomponente ist auf den Zeitwert der den Instandhaltungskosten zugrundeliegenden Auszahlungen zurückzuführen. Die daraus resultierenden Fragen sind: Wie verändert sich das Verhältnis der Intensitäten der konkurrierenden Instandhaltungsaktivitäten zueinander und die Nutzungsdauer von Verschleißfaktorkomplexen, wenn die aus dem Instandhaltungsprozeß abgeleiteten Zahlungsströme diskontiert werden und ihre Höhe jeweils durch das gegebene Substitutionsverhältnis zwischen Wartung und Regeneration bestimmt ist?

Durch die Einbeziehung der Zeit wird, wie obige Fragestellungen erkennen lassen, aus dem produktionstheoretischen Problem der optimalen Differentiation des Instandhaltungskomplexes das investitionstheoretische Problem des optimalen Ersatzes. Auf die investitionstheoretischen Aspekte dieses Ansatzes gehen wir in Abschnitt III.1 und III.2 detailliert ein.

Um das Optimierungsproblem Minimalkostenkombination formulieren zu können, müssen zuvor noch Annahmen über die hinter den Kosten stehenden Zahlungsströme gemacht werden. Wir nehmen an, daß ein Regenerationsakt jeweils nach $1/y$-Zeiteinheiten zu Auszahlungen in der Höhe von r führt, und daß die Wartung kontinuierliche Auszahlungen von xq Geldeinheiten je Zeiteinheit erforderlich macht. Wir werden in weiterer Folge daher auch die Begriffe Auszahlungen und Kosten synonym verwenden. Weiters unterstellen wir den Fall kontinuierlicher Verzinsung. Welcher Kapitalkostensatz i bei der Diskontierung zur Anwendung gelangen soll, wird hier nicht näher erörtert; für Zwecke der Praxis denkbar ist jedoch der durchschnittliche (Fremd-)Kapitalkostensatz der Unternehmung, da bei Betrachtung der peripher substituierbaren Investitionsprojekte Regeneration versus Wartung für bereits installierte Investitionsprojekte kein zusätzliches Investitionsrisiko gegeben ist. Zur Problematik der Zurechnung von Kapitalkostensätzen an Investitionsprojekte sei auf die Literatur verwiesen [*Swoboda*, 1977, S. 157ff.].

4.1 Unbegrenzter identischer Ersatz von Verschleißfaktoren

Wir gehen zunächst davon aus, daß ein bestimmter Verschleißfaktor beliebig oft ersetzt werden kann, und daß bezüglich der Instandhaltungsaktivitäten die in Abschnitt 2 abgeleiteten Substitutionsverhältnisse Gültigkeit haben. Weiters möge der betrachtete Verschleißfaktor in eine bereits beschaffte neue Anlage integriert sein, so daß hier keine Anschaffungskosten zu berücksichtigen sind.

Unterstellen wir eine unendliche Folge von Ersätzen, erhalten wir den Barwert der Investitionen in die Instandhaltung mit

$$K = \sum_{n=1}^{\infty} re^{-in/y} + \int_{0}^{\infty} qxe^{-it}\, dt \tag{38}$$

oder nach Summation und Integration mit

$$K = \frac{r}{e^{i/y} - 1} + \frac{q \cdot x}{i}. \tag{39}$$

Um mit dem undiskontierten Modell aus Abschnitt 3.1 vergleichbare Werte zu erhalten, werden wir nicht den Kapitalwert einer unendlichen Kette von Instandhaltungsauszahlungen minimieren, sondern die daraus abzuleitende Kostenannuität, was natürlich zum selben Ergebnis führen muß [*Swoboda*, 1977, S. 92ff.]. Als Nebenbedingung wird die aktive Dauergebrauchsgenauigkeitsrestriktion betrachtet. Dies hat zur Folge, daß der Zahlungsstrom für die Regeneration nicht isoliert von dem für die Wartung betrachtet werden kann. Längere Wartungsintervalle ($1/x$) verkürzen die Regenerationsintervalle ($1/y$) und umgekehrt. In Abbildung 21 wird diese Interdependenz der Zahlungsströme verdeutlicht.

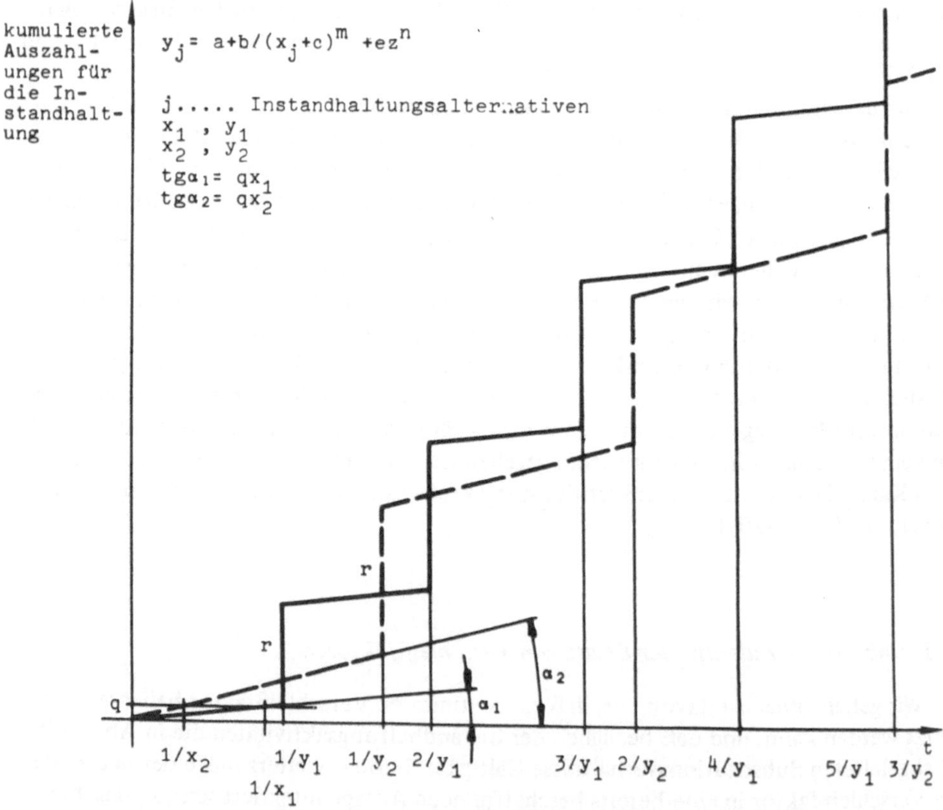

Abb. 21: Alternative kumulierte Zahlungsströme für die Instandhaltungsaktivitäten

Da die Kostenannuität aus dem Barwert der unendlichen Kette von Ersatzinvestitionen durch Multiplikation mit dem Diskontsatz i erhalten wird, schreiben wir für das diskontierte Modell der Minimalkostenkombination:

$$\text{Minimiere } K_A = \frac{r \cdot i}{e^{i/y} - 1} + qx \tag{40}$$

unter der Nebenbedingung (Dauergebrauchsgenauigkeitsrestriktion)

$$y = a + \frac{b}{(x + c)^m} + ez^n. \tag{41}$$

Wir wählen zur Lösung dieses Problems wieder den Lagrange'schen Ansatz und setzen die partiellen Ableitungen gleich Null

$$L = \frac{ri}{e^{i/y} - 1} + qx + \lambda \left(a + \frac{b}{(x + c)^m} + ez^n - y \right) \tag{42}$$

$$\frac{\partial L}{\partial x} = q - \lambda \frac{bm}{(x + c)^{m+1}} = 0 \tag{43}$$

$$\frac{\partial L}{\partial y} = \frac{r \cdot i^2 \cdot e^{i/y}}{y^2 (e^{i/y} - 1)^2} - \lambda = 0 \tag{44}$$

$$\frac{\partial L}{\partial \lambda} = a + \frac{b}{(x + c)^m} + ez^n - y = 0. \tag{45}$$

Aus (43) und (44) erhalten wir

$$x = \left(\frac{rbmi^2\, e^{i/y}}{qy^2 (e^{i/y} - 1)^2} \right)^{1/(m+1)} - c \tag{46}$$

die Gleichung für den Expansionspfad.

Abbildung 22 zeigt das Bild der Minimalkostenkombination bei diskontierten Faktoreinsätzen. (Die Abbildung wurde für $a = 0{,}0001$, $b = c = m = 1$, $n = 2$, $r = 1000$, $q = 1$ gezeichnet.)

Bevor wir Abbildung 22 interpretieren, ist noch zu zeigen, daß aus dem Expansionspfad für das diskontierte Modell für $i = 0$ der Expansionspfad des undiskontierten Modells erhalten wird. Setzen wir für $i = 0$ in die Gleichung des Expansionspfades (46) ein, erhalten wir mit 0/0 eine unbestimmte Form. Damit muß der Wert des Klammerausdrucks nach der Regel von L'Hospital bestimmt werden. Es genügt dabei vollkommen, wenn wir den Grenzwert für $i = 0$ von

$$\frac{i^2 e^{i/y}}{(e^{i/y} - 1)^2}$$

bestimmen, da rbm/qy^2 und $1/(m + 1)$ nicht von i abhängen.

Nach der Regel von L'Hospital sind Zähler und Nenner des in Frage stehenden Bruches jeweils getrennt solange nach i zu differenzieren, bis der Grenzwert für $i = 0$ keine unbestimmte Form aufweist [Enzyklopädie, 1967, S. 408f.].

Formen wir obigen Ausdruck um in

$$\frac{i^2}{e^{i/y} - 2 - e^{-i/y}}$$

erhalten wir nach zweimaligem Differenzieren

$$\frac{2}{(e^{i/y} + e^{-i/y})/y^2}$$

und für $i = 0$ eingesetzt als Grenzwert y^2.

Setzen wir diesen Grenzwert in den Expansionspfad des diskontierten Modells ein, erhalten wir

$$x = (rmb/q)^{1/(m+1)} - \dot{c} \tag{47}$$

den Expansionspfad für das undiskontierte Modell der Minimalkostenkombination (vergleiche Gleichung (11) in Abschnitt 3.1). In Abbildung 30 ist dieser Expansionspfad als Parallele (strichliert) zur Ordinate eingezeichnet.

Bei Betrachtung von Abbildung 22 fällt auf, daß sich der Expansionspfad mit steigendem x asymptotisch an den Expansionspfad des undiskontierten Modelles annähert. Setzt man zur Überprüfung der asymptotischen Annäherung in Gleichung (46) für $y = \infty$ ein, erhält man zunächst im Nenner eine unbestimmte Form des Typs $\infty \cdot 0$. Bestimmt man jedoch den Grenzwert von y^2 $(e^{i/y} - 1)^2$ unter Zuhilfenahme der Regel von L'Hospital für $y = \infty$, wird $1/i^2$ erhalten. Eingesetzt in Gleichung (46) liefert dies wieder das Ergebnis des undiskontierten Falles, q.e.d.

Als praktische Konsequenz ergibt sich daraus, daß bei steigender Inanspruchnahme eines Aggregates die optimale Intensität der Wartung bezüglich der Leistungsvariation relativ unelastisch ist. Dies bedeutet, daß die Wartungsintensität praktisch nur einmal ermittelt werden muß und, abgesehen von starken und anhaltenden Schwankungen der Intensität der Nutzung nach unten, unverändert beibehalten werden kann.

Aber nicht nur eine Leistungsvariation nach unten kann eine Revidierung der Wartungspolitik erforderlich machen, sondern auch eine Änderung des Zinssatzes. Wie Abbildung 22 zu entnehmen ist, entfernt sich mit steigendem Zinssatz der Expansionspfad des diskontierten Modells von dem des undiskontierten Modells. Allerdings gilt dies nur im Bereich kleiner y, also langer Regenerationszeiten beziehungsweise niedriger Leistungen. Bei höheren Leistungen und damit kleineren Regenerationsintervallen nähert sich auch hier die optimale Wartungspolitik sehr rasch dem in der statischen Analyse erhaltenen Ergebnis. Ob die für das undiskontierte Modell erhaltene optimale Wartungspolitik nun für die Praxis als relevant zu erachten ist, wird sehr viel stärker von den tatsächlich gemessenen Werten der Parameter des Tribosystems abhängen als vom Zinssatz, der der Betrachtung unterlegt wird.

Grundsätzlich wurde hier aber aufgezeigt, daß es bei höheren Zinssätzen angezeigt ist, früher zu regenerieren als bei niedrigen, da der Einfluß der Wartungskosten wegen der durchschnittlich früheren Fälligkeit der Zahlungen auf die Instandhaltungskosten stärker wird.

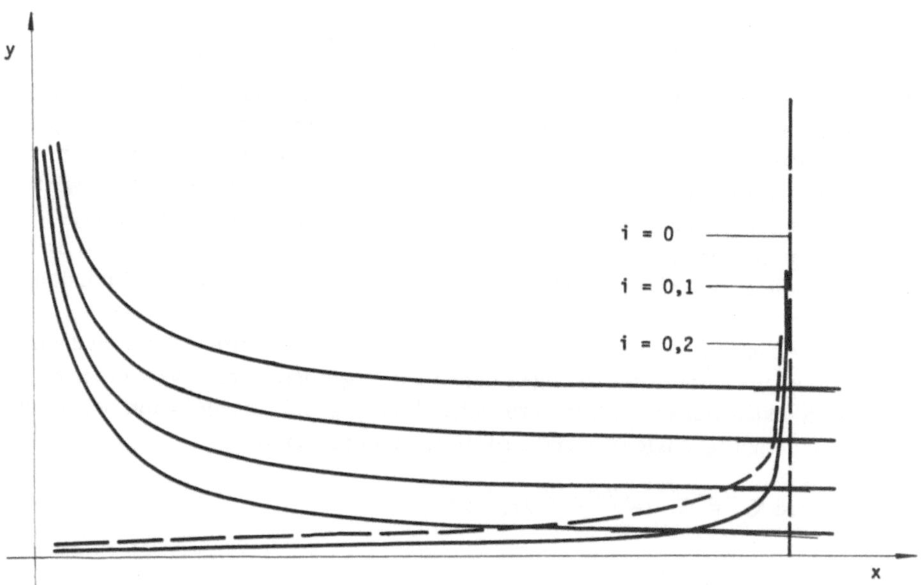

Abb. 22: Expansionspfad für alternative Zinssätze

Wie sich die Kostenannuität der Instandhaltung bei gegebener Leistung und optimaler Aufteilung der konkurrierenden Alternativen in Abhängigkeit vom Zinssatz ändert, zeigt Abbildung 23.

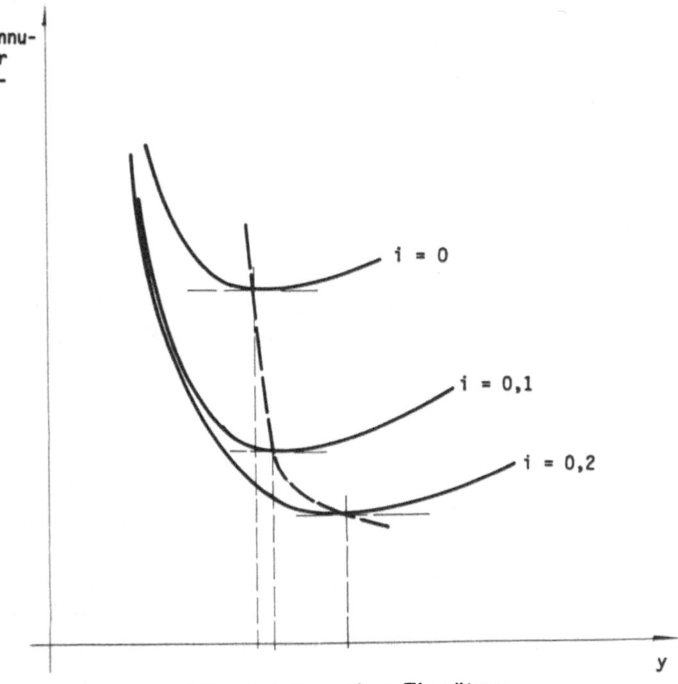

Abb. 23: Optimum der Kostenannuitäten bei alternativen Zinssätzen

4.2 Begrenzter identischer Ersatz von Verschleißfaktoren

Die hier interessierende praxisrelevante Frage ist, wie Wartungs- und Regenerationsaktivitäten für einen als Tribosystem hinreichend definierten Verschleißfaktor zu setzen sind, um den kostenminimalen Betrieb bis zu einem bekannten Zeitpunkt der
Außerbetriebstellung zu gewährleisten. Zur Lösung dieses Problems betrachten wir zunächst nur einen Verschleißfaktor und gehen davon aus, daß der betrachtete Verschleißfaktor gerade ersetzt wurde und innerhalb der nächsten n Perioden so oft ersetzt werden soll, daß der Betrieb des Aggregates mit kostenminimaler Instandhaltung
gewährleistet ist.

Bei den in Abschnitt 4.1 gemachten Annahmen über die Struktur der durch die Instandhaltung verursachten Auszahlungen haben wir folgenden Kapitalwert unter Beachtung des Substitutionsverhältnisses zwischen Wartung und Regeneration bei einem
gegebenen Dauergebrauchsgenauigkeitskriterium zu minimieren.

$$\text{Minimiere } K_n = \sum_{j=1}^{j=ny} re^{ij/y} + \int_0^n qxe^{it}\, dt \tag{48}$$

unter der Nebenbedingung

$$y = a + b/(x + c)^m + ez^n. \tag{49}$$

Nach Summation bzw. Integration erhalten wir folgende Lagrangegleichung und deren
partielle Ableitungen nach y und x

$$L_n = r\frac{(1 - e^{in})}{e^{i/y} - 1} + \frac{qx}{i}(1 - e^{-in}) + \lambda\left(a + \frac{b}{(x + c)^m} + ez^n - y\right) \tag{50}$$

$$\frac{\partial L_n}{\partial y} = \frac{ri}{y^2}\frac{(1 - e^{in})\, e^{i/y}}{(e^{i/y} - 1)^2} - \lambda \tag{51}$$

$$\frac{\partial L_n}{\partial x} = \frac{q}{i}(1 - e^{-in}) - \lambda\frac{bm}{(x + c)^{m+1}} \tag{52}$$

woraus nach Nullsetzen der partiellen Ableitungen folgender Expansionspfad für die
optimale Aufteilung der konkurrierenden Instandhaltungsaktivitäten erhalten wird:

$$x = \left(\frac{rbmi^2\, e^{i/y}}{g\, (e^{i/y} - 1)^2\, y^2}\right)^{1/(m+1)} - c. \tag{53}$$

Dieses Ergebnis ist natürlich ident mit dem Ergebnis für eine unendliche Kette von Ersatzinvestitionen, Gleichung (46), und besagt, daß der Planungshorizont keinen Einfluß auf die kostenminimale Instandhaltungsstrategie hat. Egal wie lange die Nutzungsdauer einer Anlage geplant wird, es führen nur jene Kombinationen von Regeneration
und Wartung zur kostenminimalen Instandhaltung, bei durch eine Anpassungsentscheidung gegebener Leistung, die durch den Expansionspfad (46) bzw. (53) bestimmt werden.

Betrachten wir nun alle relevanten Verschleißfaktoren eines Aggregates gleichzeitig, so gilt analog, daß bei jeder gegebenen Leistung für jeden Verschleißfaktor jene Kombination der Instandhaltungsaktivitäten zu wählen ist, die am jeweiligen Expansionspfad liegt. Wie oft nun ein Verschleißteil tatsächlich regeneriert werden muß, hängt, bei gegebener Anpassungsstrategie im Instandhaltungsbereich, von der Anpassungsstrategie zur Bewältigung der gestellten Produktionsaufgaben im Leistungsbereich ab.

Die Anpassungsstrategie für den Leistungsbereich orientiert sich an der kumulierten Verschleißfaktorverbrauchsfunktion für die relevanten Verschleißfaktoren sowie den Repetierfaktorverbrauchsfunktionen der am maschinellen Produktionsprozeß beteiligten Repetierfaktoren. Zur Wahl der Anpassungsstrategie im betrieblichen Produktionsprozeß gibt es eine Fülle von Literatur. Wir verweisen hier nur auf die Arbeiten von Swoboda und Haberstock [*Swoboda*, 1964; *Haberstock*, S. 150ff.] und die dort angegebene Literatur.

4.3 Die Ableitung der Verbrauchsfunktion für die Instandhaltung aus dem diskontierten Modell der Minimalkostenkombination

Aus dem undiskontierten Modell der Minimalkostenkombination war es ohne weiteres möglich, durch Einsetzen der Dauergebrauchsgenauigkeitsrestriktion eine der Variablen der Instandhaltung so zu substituieren, daß zwei getrennte Verbrauchsfunktionen in expliziter Form für die Wartung und für die Regeneration erhalten wurden. Im diskontierten Modell führt diese Vorgangsweise zu unüberwindlichen analytischen Schwierigkeiten, da der Expansionspfad eine Exponentialgleichung ist (46). Nach Einsetzen der Dauergebrauchsgenauigkeitsrestriktion in die Exponentialgleichung des Expansionspfades kann weder y noch x als explizite Funktion der Leistung, des maschinenspezifischen Outputs, dargestellt werden. Diese analytischen Schwierigkeiten können aber bei den Berechnungen für einen konkreten Fall durch Näherungslösungen (Iterationsverfahren) und für die formale Behandlung durch graphische Darstellungen ohne weiteres überwunden werden.

Wir wählen folgende Vorgangsweise zur Ableitung der Verbrauchsfunktion für die Instandhaltung:

Zunächst kann die Gleichung für den Expansionspfad (46) in die Gleichung für die Kostenannuität (40) eingesetzt werden, womit die Kostenannuität als Funktion von y erhalten wird. Wir schreiben

$$K_A = \frac{r \cdot i}{e^{i/y} - 1} + q \left(\left(\frac{rmbi^2\, e^{i/y}}{qy^2\, (e^{i/y} - 1)^2} \right)^{1/(m+1)} - c \right). \tag{54}$$

Setzt man weiters die Gleichung für den Expansionspfad in die Substitutionsgleichung für die Instandhaltungsaktivitäten, die als Dauergebrauchsgenauigkeitsrestriktion (41) in das Modell der Minimalkostenkombination eingegangen ist, ein, erhalten wir nach einigen Umformungen die Leistung z als Funktion von y allein

$$y = a + \frac{b}{(rmbi^2\, e^{i/y}/qy^2\, (e^{i/y} - 1)^2)^{m/(m+1)}} + ez^n$$

$$z = \left(\left(y - a - b \Big/ \left(\frac{rmbi^2\, e^{i/y}}{qy^2\, (e^{i/y} - 1)^2} \right)^{m/(m+1)} \right) \Big/ e \right)^{1/n}. \tag{55}$$

Damit kann für einen Verschleißfaktor für jeden beliebigen Wert von y das der Minimalkostenkombination entsprechende z ermittelt werden. Benutzt man Gleichung (55) zu einer Skalentransformation in der Form, daß für die Abbildung von (54) die Werte von y auf der Abszisse durch die von z aus Gleichung (55) ersetzt werden, wird die Kostenannuität des Instandhaltungsprozesses entlang des Expansionspfades der Minimalkostenkombination graphisch oder auch tabellarisch, als Funktion nur einer unabhängigen Variablen, dem maschinenspezifischen Output z, erhalten.

Für die aus der Anpassungsentscheidung im Leistungsbereich zur Erfüllung einer bestimmten Produktionsaufgabe erforderlichen Leistung können damit die jeweilig minimalen Instandhaltungskosten des Produktionsprozesses abgelesen werden. Die dazugehörige Aufteilung der Instandhaltungsaktivitäten auf Wartung und Regeneration werden für eine bestimmte Leistung z aus Gleichung (55) – oder Abbildung 24, wenn als Nomogramm verwendet – für die Intensität der Regeneration und aus Gleichung (46) für die Intensität der Wartung erhalten.

In Abbildung 24 ist diese Vorgangsweise demonstriert, wobei zu beachten ist, daß in dieser Abbildung K_A nur als Funktion von y unverzerrt, als Funktion von z jedoch, nur stark verzerrt dargestellt werden kann.

Zur weiteren Darstellung der Funktion $K_A\,(z)$ und der abzuleitenden Verbrauchsfunktion für die Instandhaltung wählen wir aber der Anschaulichkeit halber als Abszisse die z-Achse, damit nicht Maßstabverzerrungen, wie in Abbildung 24 das Bild der funktionalen Abhängigkeit von z trüben. Das unverzerrte Bild der Funktion $K_A\,(z)$ ist in Abbildung 25 wiedergegeben.

Dividieren wir die so erhaltene Funktion der Kostenannuität von der unabhängigen Variablen z noch durch den maschinenspezifischen Output je Zeiteinheit, als den wir z hier interpretieren wollen, erhalten wir die Verbrauchsfunktion der Instandhaltung (56) (Abbildung 26).

$$\frac{K_A\,(z)}{z} = f\,(z) \qquad\qquad (\text{z.B. öS/mm}^3). \tag{56}$$

Der Unterschied zum Ergebnis der statischen Analyse besteht außer in der Diskontierung noch darin, daß in der Verbrauchsfunktion Wartungs- und Regenerationskosten aggregiert enthalten sind. Für einen Vergleich mit den statischen Ergebnissen müssen daher die dort erhaltenen Funktionen für die Regeneration und Instandhaltung aggregiert werden. Zum Vergleich der Ergebnisse wurde das aggregierte statische Ergebnis in Abbildung 26 ebenfalls eingezeichnet. Bei simultaner Betrachtung aller am Potentialfaktor beteiligten Verschleißfaktoren wird die aggregierte Verbrauchsfunktion der Instandhaltung wieder durch Addition der einzelnen Verbrauchsfunktionen erhalten.

$$F\,(z) = \sum_i \frac{K_{A\,i}\,(z)}{z} \qquad\qquad i = 1, \ldots, n \text{ Anzahl der Verschleißfaktoren.} \tag{57}$$

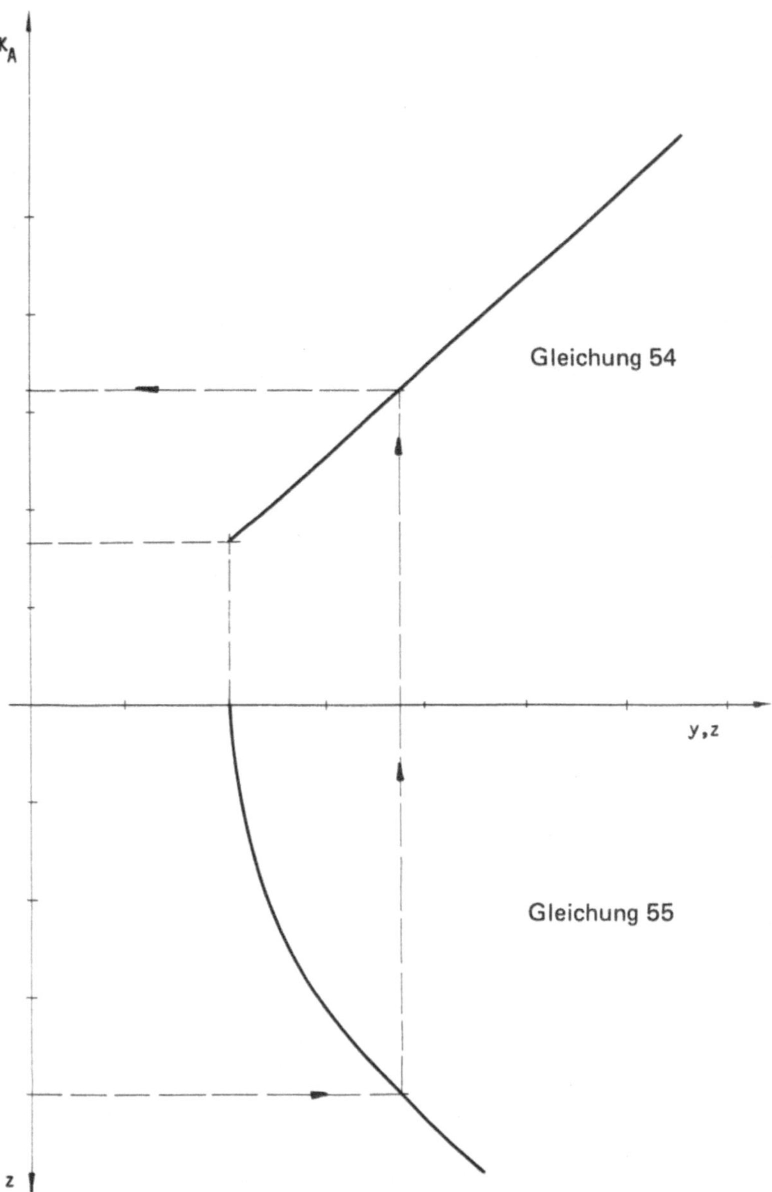

Abb. 24: Faktoreinsatzfunktion für die Instandhaltung im diskontierten Modell

Zur Ermittlung der optimalen Betriebsmittelintensität bzw. zur Ableitung der anpassungsspezifischen Kostenverläufe des maschinellen Produktionsprozesses muß die monetäre Verbrauchsfunktion der Instandhaltung mit den monetären Repetierfaktorverbrauchsfunktionen aggregiert werden.

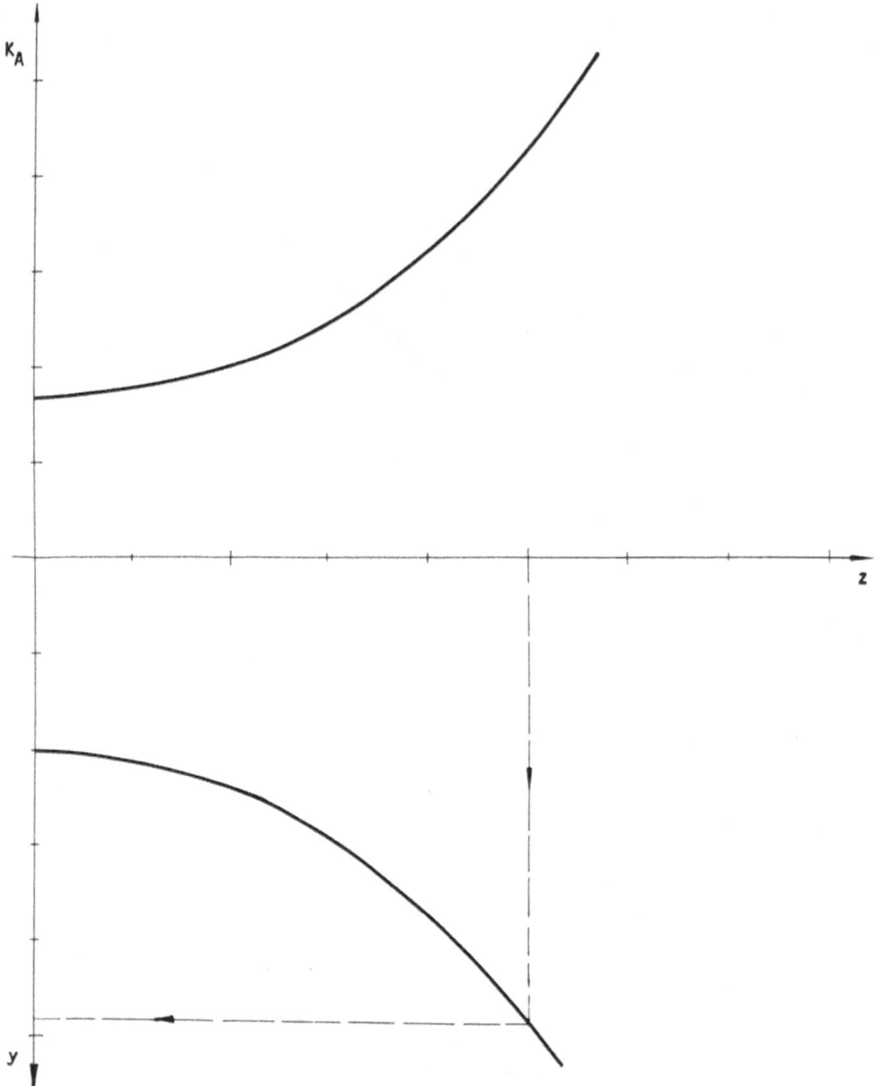

Abb. 25: Unverzerrte Faktoreinsatzfunktion für die Instandhaltung

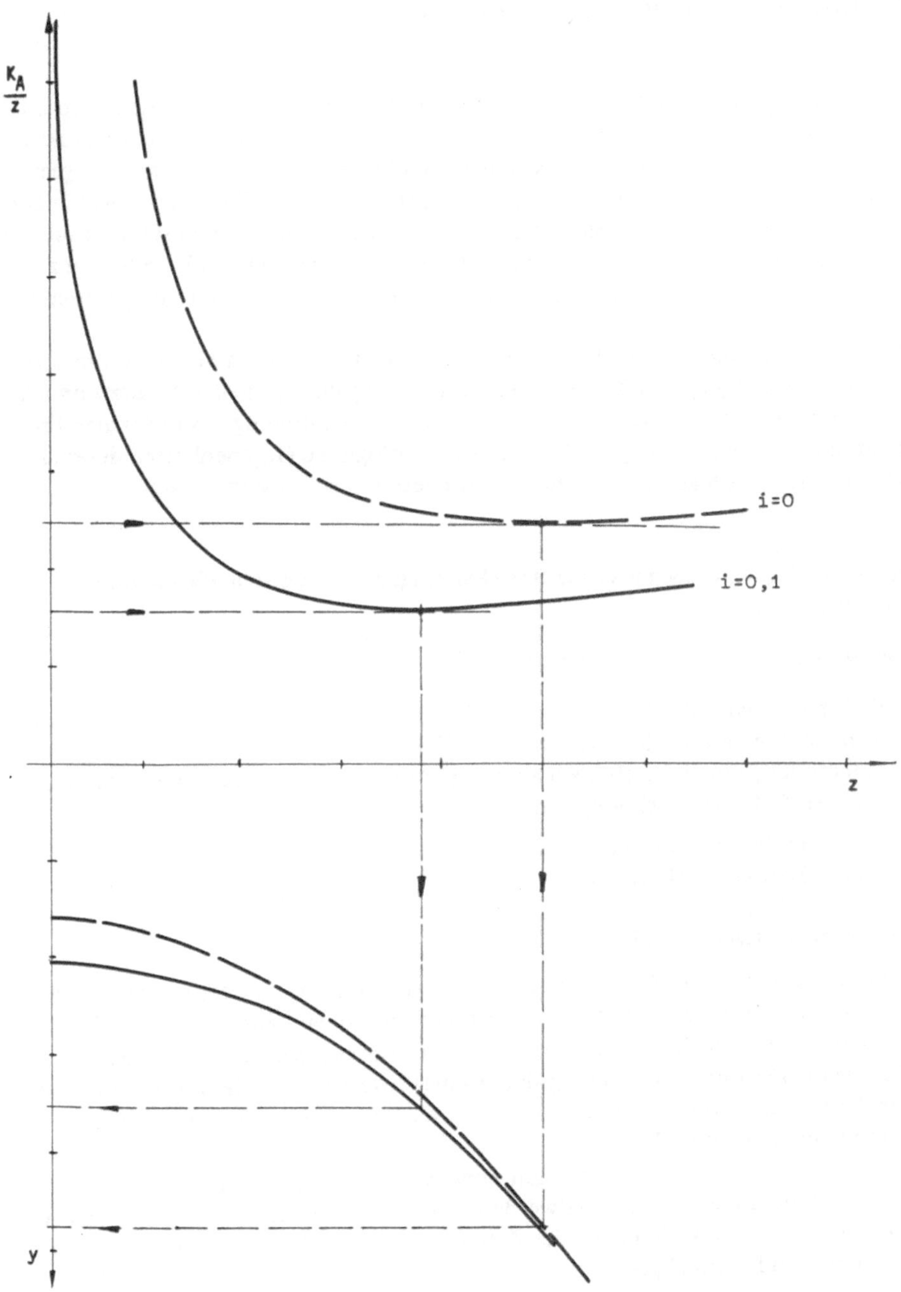

Abb. 26: Verbrauchsfunktion für die Instandhaltung

III. Investitionstheoretische Perspektiven

In den vorangegangenen Abschnitten II.3 und II.4 wurde vor allem auf die optimale Nutzung der Maschinen unter besonderer Berücksichtigung der Instandhaltungsaktivitäten abgestellt. Die Analyse des Maschinenproduktionsprozesses ist aber auch geeignet, neue Einsichten in die Struktur des Ersatzproblems zu eröffnen, und zwar in zweierlei Hinsicht. Einmal was die Modellprämissen der herkömmlichen Nutzungsdauermodelle anbelangt und zum anderen, was die Optimierungsmethode und die Stellung des explizit formulierten Kriteriums Kapitalwertmaximierung im Optimierungsprozeß betrifft.

Wir beginnen daher im Abschnitt 1 mit einer Kritik an den Prämissen von Investitionsmodellen und jüngeren Kriterien zur Bestimmung des optimalen Ersatzzeitpunktes. In Abschnitt 2 formulieren wir Kriterien für die Bestimmung des optimalen Ersatzzeitpunktes von Anlagen, die der durch technologische Gegebenheiten determinierten Realität des Maschinenproduktionsprozesses adäquat sind.

1. Kritische Betrachtungen über die Berücksichtigung des Verschleißes in der Investitionstheorie

1.1 Modelle zur Maximierung des Kapitalwertes

Üblicherweise wird den Wirkungen des Verschleißes in den auf expliziter Kapitalwertmaximierung beruhenden Investitionsmodellen durch folgende Annahmen über den (monotonen, zumeist auch noch als stetig unterstellten) Verlauf von Zahlungsströmen über der Zeitachse Rechnung getragen:

— steigende Instandhaltungsausgaben
— steigende Betriebsstoffausgaben
— sinkende Erlöse
— sinkender Restwertverlauf.

Zumindest die ersten drei Annahmen bewirken, daß der Kapitalwert mit zunehmender Nutzungsdauer nicht stetig ansteigt, sondern auch absinken kann, und daher die (Kosten- oder Gewinn-)Annuität eines Investitionsprojektes einen (globalen) Extremwert aufweist. Die optimale Nutzungsdauer eines Investitionsprojektes ist dann jene, für die der Kapitalwert eines Projektes bzw. einer Kette von Projekten einen Extremwert annimmt [*Swoboda*, 1977].

Im folgenden wollen wir untersuchen, inwieweit obige Annahmen gerechtfertigt sind, wenn ständig identisch ersetzt werden soll und kein technischer Fortschritt zu berücksichtigen ist. Von Änderungen der Zahlungen, die auf Geldwertveränderungen zurückzuführen sind, wird abgesehen.

Betrachten wir zunächst einen Verschleißteil isoliert, so ist nicht einzusehen, warum etwa der zweite oder dritte Ersatz mehr Kosten verursachen soll als die erste Regeneration eines Verschleißfaktors.

Die Instandhaltungskosten sind bei einer einmal gewählten (optimalen) Instandhaltungspolitik nicht vom Alter des Aggregates abhängig, sondern nur mehr von der Intensität der Nutzung. Dies wurde in den vorangegangenen Abschnitten bei der Ableitung der Verbrauchsfunktion für die Instandhaltung deutlich. Eine Analyse der Instandhaltungsauszahlungen für eine Anlage unterstreicht dies. Zunächst ist eine Tendenz zu Kumulierungen von Regenerationsausgaben festzustellen. Diese Häufungen von Auszahlungen sind aber in stets wechselnder Höhe unregelmäßig über die Zeitachse verteilt, da die Regenerationsintervalle — die sich aus den Gesetzmäßigkeiten des Verschleißes am Tribosystem und aus den Dauergebrauchsrestriktionen ergeben — ebenfalls sehr unterschiedlich sind. In Abbildung 1 wird diese Aussage verdeutlicht. Wir gehen dabei von Regenerationszahlungen für Verschleißteile aus, die mit unterschiedlicher Frequenz (y) regeneriert werden müssen. Nach einer von Regenerationszahlungen freien Anfangsphase beginnen dann die Reparaturen, wodurch oft eine erste Häufung von Regenerationszahlungen gegeben ist. In weiterer Folge zeigt sich aber durch die unterschiedliche Regenerationsfrequenz eher eine gleichmäßige Besetzung der Zeitachse mit Auszahlungsereignissen bis wieder ein Kumulationspunkt auftritt, nämlich dann, wenn (annähernd) ein ganzzahliges Vielfaches mehrerer oder u.U. aller Regenerationsintervalle gegeben ist.

Die Annahme von stetig steigenden Instandhaltungsausgaben dürfte also nicht haltbar sein, ja es treten sogar eher Tendenzen hervor, die einen Ansatz von konstanten durchschnittlichen Instandhaltungskosten eher gerechtfertigt erscheinen lassen.

Die in Abbildung 1 eingezeichneten Zahlungsströme (für drei Verschleißteile) gelten dabei natürlich nur für zeitliche Anpassung im Leistungsbereich. Bei häufiger intensitätsmäßiger Anpassung unbestimmten Ausmaßes verschieben sich die Strukturen etwas, die Aussagen über die Tendenz zum Ausgleich der Zahlungsereignisse über die Zeitachse müssen jedoch nicht revidiert werden. Ähnliches gilt auch für die Einbeziehung von Wahrscheinlichkeitsverteilungen für den Ausfall eines Verschleißteiles. Die hier verwendeten Intervalle sind ja als Mittelwerte einer hier nicht näher zu spezifizierenden Verteilung aufzufassen.

Auch der Ansatz stetig steigender Betriebskosten über die Zeit scheint oft nicht gerechtfertigt zu sein. Zwar steigt der Faktorverbrauch an Betriebsstoffen infolge der nutzungsbedingten Verschlechterung des Anlagenwirkungsgrades kontinuierlich an, aber nur solange, als kein Verschleißteil ausgewechselt wird. Werden aber ein oder mehrere Verschleißteile im Zeitablauf ersetzt, so findet dadurch eine teilweise Verbesserung des Wirkungsgrades statt und damit auch eine entsprechende Senkung der Mengen des Betriebsstoffverbrauches. Über längere Zeiträume wird, wenn Verschleißteile regelmäßig ersetzt werden, ein im wesentlichen von der Zeit, also vom Alter der Maschine, unabhängiger durchschnittlicher Betriebsmittelverbrauch festgestellt werden können, der auch kaum mit der Intensität der Nutzung korreliert ist. Unterstellt man z.B., daß der Schmierölverbrauch einer Lagerung oder einer Führung proportional zur verschleißbedingten Vergrößerung des Schmierspaltes ist, und ist für den betrachteten Verschleißteil eine aus der Dauergebrauchsgenauigkeitsrestriktion abgeleitete Verschleißgrenze abgeleitet, bei deren Überschreitung regeneriert wird, so wird der Schmierölverbrauch einen verschleißbedingten Höchstwert erreichen und unmittelbar nach der Regeneration wieder auf das Ausgangsniveau sinken. Der ermittelbare durchschnittliche Verbrauch ist nun deshalb nicht von der Intensität der Nutzung beeinflußt, da diese nur die Länge des Regenerationsintervalles beeinflußt, nicht aber die Mittelwertbildung für den Schmierölverbrauch, der ja unmittelbar nach jeder Regeneration auf das Ausgangsniveau zurückgeführt wird. Ähnliches gilt auch für jenen Teil der zugeführten (zumeist elektrischen) Antriebsenergie, der zur Überwindung der Reibung zwischen allen bewegten Verschleißteilen aufgewandt werden muß — bei modernen Werkzeugmaschinen sind dies ca. 50 % der zugeführten Energie. Der andere Teil der zugeführten Energie, der zur eigentlichen Gestaltung des maschinenspezifischen Outputs zur Verfügung steht, ist natürlich mit der Intensität der Nutzung positiv korreliert.

Durch die regelmäßige Regeneration der Verschleißteile, basierend auf quantifizierbaren Qualitätsrestriktionen, wie dem Dauergebrauchskriterium, ist weiters auch immer ein gleichbleibendes Qualitätsniveau des maschinellen Produktionsprozesses garantiert. Also können etwaige Schwankungen der Einzahlungsströme (Erlöse) nicht durch das Alter der Maschine erklärt werden, wodurch auch der Ansatz von stetig fallenden Einzahlungen bei der Bestimmung der optimalen Nutzungsdauer problematisch wird.

Nachdem solcherart der Ansatz von steigenden Instandhaltungs- und Betriebskosten sowie sinkender Erlöse im Zeitablauf für Rechenmodelle zur Optimierung der Nutzungsdauer kritisch beleuchtet wurde, noch einige Bemerkungen zum Restwertverlauf.

An vollkommenen Gebrauchtanlagenmärkten müßte — wenn kein technischer Fortschritt zu berücksichtigen ist — der Marktwert einer maschinellen Produktionsanlage zu jedem beliebigen Zeitpunkt t durch den Verschleißzustand des Aggregates bestimmt sein. Unterstellt man — durchaus realistisch — Indifferenz in der Wertschätzung der Marktteilnehmer zwischen einer neuen Anlage und einer alten Anlage, bei der alle Verschleißteile vollständig regeneriert sind, dann kann die Differenz zwischen dem Restwert einer Altanlage zum Zeitpunkt t und dem Anschaffungspreis einer neuen Anlage des gleichen Typs (zuzüglich Montagekosten, Steuern, etc.) nur in den zu t anfallenden Regenerationskosten und der Differenz der Barwerte der Regenerationskosten beider Alternativen für Verschleißteile, die zum Zeitpunkt t noch nicht regeneriert werden müssen, begründet sein. Diese Differenz ergibt sich aus der Tatsache, daß bei der gebrauchten Anlage die Regenerationen und Folgeregenerationen der zu t noch nicht auszuwechselnden Teile früher fällig werden als bei einer Neuanlage. Da die Höhe dieser Differenz offenbar auch von der Anzahl der Folgeregenerationen, die je Verschleißteil einzubeziehen sind, abhängt, kommt neben dem objektiven Kriterium Verschleißzustand noch ein subjektives Kriterium für die Bestimmung des Restwertes dazu: wie lange soll die Anlage noch genutzt werden? Mit dem damit zusammenhängenden Problemkreis, nämlich der Restwertbestimmung für installierte Anlagen aus der Sicht des Betriebes, beschäftigen wir uns im Detail in Abschnitt 2.1. Für die Marktnotierung gebrauchter Anlagen ist aber der Erwartungswert über die Nutzungsdauervorstellungen aller Marktteilnehmer maßgeblich.

Bei einer derartigen Restwertbildung kann jedoch kein monoton sinkender Restwertverlauf erwartet werden; der sich einstellende Restwertverlauf wird über die Zeitachse gesehen, eine stete Folge einander abwechselnder lokaler Minima und Maxima aufweisen. In Abbildung 1 ist für eine angenommene beispielhafte Instandhaltungssituation der daraus resultierende Restwertverlauf ohne Berücksichtigung eines bestimmten Nutzungsdauerintervalles — es werden nur die diskontierten Kosten für eine voll-

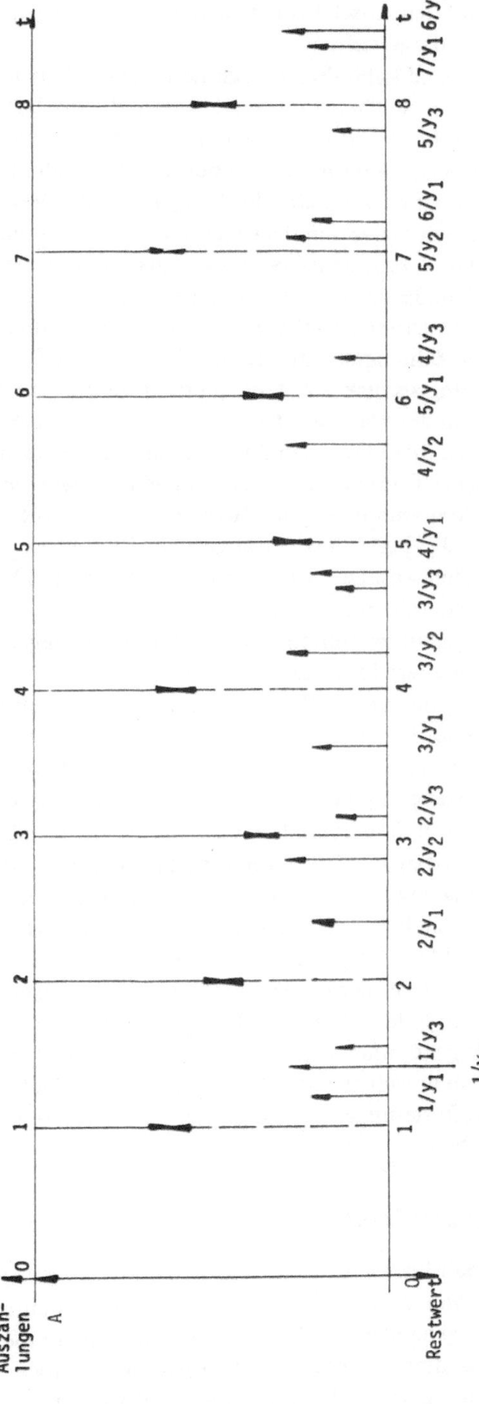

Abb. 1: Regenerationsauszahlungen und Restwertverlauf

ständige Regeneration mit den Anschaffungskosten einer Neuanlage zu bestimmten Zeitpunkten verglichen – dargestellt.

Von der Methodik her sind kapitalwertmaximierende Modelle unter Anwendung der Differentialrechnung von solchen zu unterscheiden, die die Dynamische Programmierung oder die Kontrolltheorie als Optimierungsinstrument verwenden. Diese Differenzierung hinsichtlich des Optimierungsinstrumentes ist jedoch nicht als Geschmackssache anzusehen, sondern hat auch inhaltliche Gründe. Bei der Verwendung der Dynamischen Programmierung wird über den begrenzten oder unbegrenzten Planungshorizont die jeweilige Alternative zum Weiterbehalt der diskutierten Anlage simultan in die Rechnung einbezogen. Grundsätzlich findet man aber auch in den Modellen, die mittels Dynamischer Programmierung gelöst werden, die gleichen, hier kritisierten Annahmen über den Verlauf der Zahlungsströme. Da die Dynamische Programmierung hauptsächlich in ihrer Ausprägung als diskretes Optimierungsinstrument angewandt wird, ist außerdem das Ergebnis von der Wahl der die Anzahl der Iterationen bestimmenden Periodenlänge abhängig. Ist diese Periodenlänge einmal für die Rechnung festgelegt, so kann kein unterperiodischer Ersatz in die Rechnung einbezogen werden. (Zur Anwendung der Dynamischen Programmierung auf Investitionsprobleme siehe z.B. *Wagner* [1969] sowie *Swoboda* [1973] und die dort angegebene Literatur.)

Zu den bisher kritisierten Ansätzen ist noch festzustellen, daß keinerlei Versuch einer Optimierung des Instandhaltungsprozesses gemacht wird, sondern vielmehr von einer gegebenen, als optimal unterstellten Instandhaltungsstrategie ausgegangen wird.

In jüngerer Zeit hat vor allem Luhmer, angeregt durch die Arbeiten von *Smith* [1966], unter Verwendung der Kontrolltheorie den Versuch unternommen, unter expliziter Berücksichtigung der Instandhaltung ein „Modell des integrierten Produktionsprozesses der Nutzung und Instandhaltung eines Potentialfaktor-Betriebsmittel-Aggregats" zu entwerfen. Zur Steuerung des integrierten Produktionsprozesses beschreibt *Luhmer* [1975, S. 75ff.] zwei Steuervariable, eine für die Beschreibung der Intensität der Inanspruchnahme des Betriebsmittels und eine für die Instandhaltungsmaßnahmen. Der Vorteil der Einführung einer Steuerungsvariablen für Instandhaltungsmaßnahmen ist durch die Möglichkeit, die Instandhaltung nun an das Produktionserfordernis kontinuierlich und diskret (der Steuerungsvektor umfaßt diese beiden Komponenten) anzupassen, gegeben. Allerdings wird hier die Differenzierung des Instandhaltungsprozesses in Wartung und Regeneration dem Wesen nach nur erwähnt und kaum Bedacht auf die Substitutionsverhältnisse genommen [*Luhmer*, 1975, S. 77, 100, bes. 147]. Auch ist Luhmers Versuch, bei dem er sich auf das stetige Maximumprinzip stützt, wegen der dadurch notwendigen Anforderungen an die Gestalt der involvierten Funktionen kaum Praktikabilität zuzugestehen.

1.2 Die Methode der „Repair Limits"

Die Methode der „repair limits" geht auf die Arbeiten von Drinkwater und Hastings zurück [*Drinkwater/Hastings; Hastings*] und wird auch in der deutschsprachigen Literatur zunehmend breiter abgehandelt [*Dahmen*]. Wir geben daher hier nur einen kurzen Einblick in die Grundzüge dieser Theorie zur Ermittlung optimaler Ersatzzeitpunkte; für eine genauere Darstellung und Fallstudien sei vor allem auf *Ederer* [1980] und die dort angegebene Literatur verwiesen.

Drinkwater und Hastings gehen von einem im Prinzip progressiven Verlauf der Reparaturausgaben $Y(t)$ über die Zeit für eine Gruppe von gleichen Potentialfaktoren bzw. eines einzelnen Potentialfaktors aus und setzen als Kriterium für die Bestimmung der optimalen Nutzungsdauer das Erreichen der minimalen Durchschnittskosten unter Einbeziehung der Anschaffungskosten. In Abbildung 2 wurde zur Vereinfachung der Darstellung von einem stetigen Verlauf ausgegangen. Aus diesem Kriterium für die optimale Nutzungsdauer wird nun ein Kriterium für die Ermittlung des optimalen Ersatzzeitpunktes bereits in Betrieb befindlicher Anlagen abgeleitet. Vor jeder Reparatur oder vor jeder Rechnungsperiode wird abgeschätzt, wie hoch die Kosten der anstehenden Reparaturen r sind, wie hoch die bis zur Desinvestition noch zu erwartenden gesamten Reparaturkosten $m(t)$, die als vom Alter der Maschine abhängig unterstellt werden, sein werden und wie hoch die Restnutzungsdauer der Anlage $g(t)$, ebenfalls als Funktion des Alters der Anlage betrachtet, sein wird.

Sind die daraus ermittelten Durchschnittskosten geringer als die durchschnittlich von einer Neuanlage zu erwartenden Kosten d, so ist eine Reparatur vorteilhaft.

Bei Entscheidung für eine Reparatur ist also die Erfüllung folgender Ungleichung Voraussetzung

$$\frac{r + m(t)}{g(t)} \leqslant d. \tag{1}$$

Ist (1) jedoch als Gleichung erfüllt, so stellt r den höchstzulässigen Grenzfall für eine Reparaturausgabe zu t dar und wird daher auch „repair limit", $r_1(t)$, genannt (Gleichung (2)).

$$r_1(t) = d \cdot g(t) - m(t). \tag{2}$$

Gleichung (2) ist in Abbildung 2 graphisch wiedergegeben.

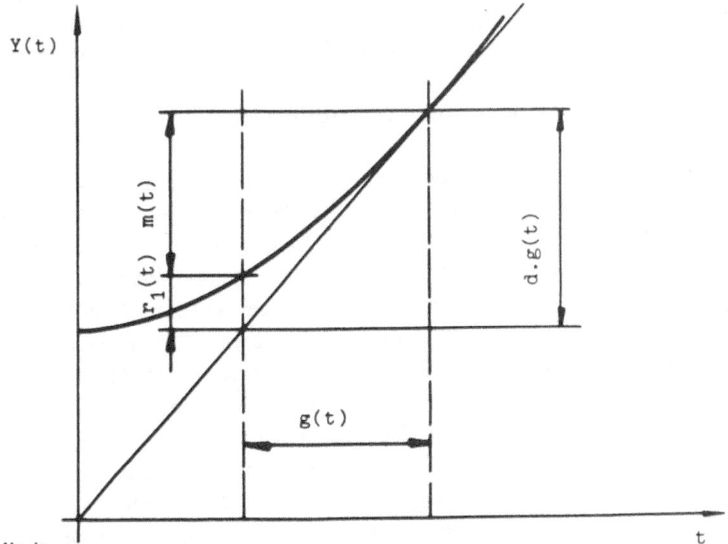

Abb. 2: Repair limits

Muß das Aggregat zu t gerade nicht repariert werden, so kann das repair limit r_1 auch als Restwert des Aggregates auf einem vollkommenen Gebrauchtanlagenmarkt interpretiert werden [*Drinkwater/Hastings*, S. 127].

Die repair-limit-Methode wurde im militärischen Bereich entwickelt und baut auf Beobachtungen vieler gleicher bzw. gleichartiger Fahrzeuge auf.

Bei einer Verallgemeinerung dieser Methode wirkt sich vor allem problematisch aus, daß die Kostenverläufe vielfach geschätzt werden müssen — wenn keine ausreichend genauen Angaben über die Verteilungen der Reparaturereignisse und Höhe der Reparaturkosten vorliegen oder ermittelt werden können.

Auch wird bei Verwendung von statistischen Unterlagen für die Konstruktion von Kostenkurven nicht ausgeschlossen werden können, daß Unwirtschaftlichkeiten extrapoliert werden — ein Problem, das auch im Zusammenhang mit der statistischen Kostenauflösung in der Plankostenrechnung diskutiert wird. Vor allem sei dabei an die Instandhaltungsfunktion mit ihren Substitutionsmöglichkeiten zwischen Wartung und Regeneration gedacht, die auch bei dieser Methode nicht berücksichtigt werden.

2. Verschleißorientierte Kriterien zur Bestimmung des Ersatzzeitpunktes und der Nutzungsdauer

Wir versuchen nun, die bisher erhaltenen Ergebnisse der Analyse des Verschleißprozesses in eine neuerliche Diskussion des Ersatzproblems einzubringen und zu verarbeiten.

Was kann grundlegend über den optimalen Ersatzzeitpunkt von Maschinen gesagt werden?

Grundsätzlich kann jedes Aggregat als System von Maschinenelementen verstanden werden, die entweder nutzungsabhängig oder zeitabhängig verschlissen werden. Ein derartiges System von Verschleißteilen kann beliebig lang durch sukzessiven Austausch aller Elemente funktionstüchtig erhalten werden. Falls dies wirtschaftlich sinnvoll ist, kann damit auch die sogenannte technische Lebensdauer eines Aggregates kürzer als die mögliche wirtschaftliche Nutzungsdauer sein, nämlich dann, wenn infolge des sukzessiven Ersatzes auch der letzte Teil des ursprünglich beschafften Aggregates erneuert wurde.

Wir gehen jedoch zunächst davon aus, daß es eine wirtschaftlich sinnvolle Begrenzung der Nutzungsdauer — ohne noch auf ihre Bestimmungsgründe einzugehen — gibt und unterscheiden nun zwischen Elementen, die innerhalb dieser Nutzungsdauer ein oder mehrmals ersetzt werden und Elementen, die nicht ersetzt werden müssen. Maschinenelemente, die rein zeitabhängig innerhalb der Nutzungsdauer verschleißen und ausgewechselt werden, sind sehr selten bei Werkzeugmaschinen anzutreffen und zudem von untergeordneter Bedeutung, was die Ersatzkosten betrifft (Kontrollämpchen, spröde werdende Kunststoffschläuche etc.). Anders ausgedrückt, bedeutet dies, daß dem Zeitverschleiß bei maschinellen Produktionsanlagen innerhalb einer endlichen Nutzungsdauer praktisch keine Bedeutung zukommt. Dem Zeitverschleiß innerhalb der Nutzungsdauer einer Anlage unterliegende Elemente haben wir in unserer Untersuchung daher auch nicht explizit behandelt. Damit verbundene Instandhaltungskosten haben Fixkostencharakter und beeinflussen nicht die Ermittlung der optimalen Intensität der Nutzung einer Anlage.

Auf ihre Bedeutung bei der Bestimmung des optimalen Ersatzzeitpunktes kommen wir später zurück.

Somit haben wir am Ausgangspunkt der Untersuchung über die Bestimmungsgründe der optimalen Nutzungsdauer einer Maschine im wesentlichen zwei relevante Gruppen von Maschinenelementen zu beachten. Verschleißfaktoren, die in Abhängigkeit der Intensität der Nutzung verschleißen und ein oder mehrmals ersetzt werden müssen und Obsoleszenzfaktoren, die zwar zeitabhängig verschleißen, deren Nutzung aber durch das Ablaufen der Nutzungsdauer der betrachteten Anlage beendet ist, mithin gemeinsam mit dem Anlagenkonzept veraltern. Zu dieser Gruppe von Faktoren gehören z.B. alle tragenden Elemente von Werkzeugmaschinen, die praktisch eine unbegrenzte Lebensdauer aufweisen, da sie aus geometrischen Gründen und wegen gewisser Steifigkeitserfordernisse entsprechend großzügig dimensioniert sein müssen.

2.1 Regenerationskosten und Restnutzungswert als Bestimmungsgrund für Ersatzzeitpunkt und Nutzungsdauer, wenn kein technischer Fortschritt zu beachten ist

Wir versuchen nun, ein Modell zur Bestimmung des Ersatzzeitpunktes von maschinellen Anlagen zu formulieren, das die vorstehend kritisierten Nachteile, insbesondere die undifferenzierten Annahmen über den Instandhaltungskostenverlauf nicht enthält bzw. nicht benötigt.

Ausgehend von obiger Definition des Potentialfaktors und seiner Elemente kann nun nicht unmittelbar eingesehen werden, warum der Ersatz von Verschleißfaktoren entsprechend der praktisch unbegrenzten Lebensdauer der relevanten Obsoleszenzfaktoren nicht ebenfalls unbegrenzt möglich sein soll. Voraussetzung dabei ist, daß ein ersetztes Element als genausogut angesehen wird wie der ursprünglich vorhandene Teil, mithin, daß zwischen einer Anlage, bei der zu einem beliebigen Zeitpunkt alle Verschleißteile regeneriert (ausgetauscht) werden, und einem neuen Aggregat desselben Typs Indifferenz hinsichtlich der Wertschätzung gegeben ist. (Diese Voraussetzung ist z.B. für Werkzeugmaschinen sicher ohne weiteres zu akzeptieren und dürfte nur bei Betriebsmitteln, die auch einen gewissen Repräsentationscharakter bzw. Prestigewert haben, problematischer sein.) Eine praktisch relevante endliche optimale Nutzungsdauer für ein Aggregat kann damit zunächst nicht festgestellt werden, zumal ja auch die Regenerationsintervalle für die Verschleißteile unabhängig vom Alter der Anlage durch geeignete Wahl der Wartungsintensitäten so gesteuert werden, daß die Voraussetzungen für einen kostenminimalen Betrieb der Anlage gegeben sind (Abschnitt II.4.1).

Wir gehen also davon aus, daß durch Regenerationsmaßnahmen (Reparatur und/ oder Austausch von Teilen) für ein betrachtetes Aggregat ein Regenerationsgrad erreicht werden kann, der bei den Benützern Indifferenz gegenüber einer Neuanlage des gleichen Typs auslöst und knüpfen unsere weiteren Ausführungen an die Betrachtung eines fiktiven Aggregates mit drei Verschleißteilen, für die eine Instandhaltungspolitik nach Abschnitt II.3 oder II.4 bereits ermittelt sein möge. Dies bedeutet, daß für die einzelnen Verschleißteile die Standzeiten, also die Regenerationsintervalle $1/y$, als bekannt vorausgesetzt werden können.

Aus der Beobachtung, daß die Regenerationen mit der mittleren Frequenz $1/y$ zyklisch wiederkehren, ergibt sich als Konsequenz eine problemlose Abschätzung der Zahlungsströme für Regenerationsereignisse.

Durch diese Datenreduktion ist auch eine relativ hohe Datensicherheit gegeben, da die hier vorausgesetzte Kenntnis lediglich über die Standzeiten (Regenerationsintervalle) der relevanten Verschleißteile, nach den Ergebnissen der Untersuchungen in den Abschnitten 2, 3 und 4 des II. Teiles und des Anhanges, hinlänglich genau erreichbar scheint. In Abbildung 3 sind die Auszahlungen, die die Anschaffung des Aggregates und die Regenerationen der einzelnen Verschleißteile betreffen, für eine bereits installierte Anlage und eine zu t_E alternativ verfügbare Neuanlage dargestellt.

Nun ist zu beachten, daß der Ersatz der einzelnen Verschleißteile mit unterschiedlicher Frequenz (von Ausnahmen, die auf Zufälligkeiten beruhen, abgesehen) zu erfolgen hat. Dies bewirkt, daß die Auszahlungen für die Regeneration der Verschleißteile nicht gleichmäßig verteilt über die Zeitachse auftreten, sondern in gewissen Abständen eine Aufschaukelung, bedingt durch die unterschiedlichen Regenerationsfrequenzen, erfahren. Es liegt daher nahe, zu bestimmten Zeitpunkten zu fragen, ob nicht die erwarteten Regenerationskosten für die Aufrechterhaltung eines gewünschten Regenerationsgrades einer installierten Anlage im Vergleich zu den Kosten einer alternativ beschaffbaren Anlage nicht zu hoch werden. Diese Fragestellung führt zur Formulierung eines Ersatzkriteriums, das an den Regenerationskosten orientiert ist.

Luhmer [1975, S. 192] ist offenbar von einem ähnlichen Grundgedanken ausgegangen und hat versucht, ein Modell zur Bestimmung endlicher Ersatzzeitpunkte zu entwerfen. Die Existenz eines endlichen Ersatzzeitpunktes war für ihn dabei bereits gegeben, wenn es einen Punkt auf der Zeitachse gibt, zu dem nur die gerade anstehenden Reparaturkosten die Anschaffungskosten einer Neuanlage überschreiten.

Daß dabei in naher Zukunft fällige Reparaturen bzw. die Kette der künftigen Reparaturen in diskontierter Form nicht einbezogen werden, ist eine Schwäche dieses Ansatzes ebenso wie die Nichteinbeziehung von Restwerten.

2.1.1 Regenerationskostenkriterien

Wir betrachten nun eine Anlage, für die der Indifferenz gegenüber einer Neuanlage auslösende Regenerationsgrad zu einem beliebigen Zeitpunkt t_E jedenfalls erreicht sein möge, wenn zu t_E alle Verschleißteile ausgewechselt wären.

Die Kosten zur Erreichung dieses Regenerationsgrades sind die Summe der Regenerationskosten für die relevanten Verschleißteile $r_1 + r_2 + r_3$.

Da aber zum Entscheidungszeitpunkt t_E im allgemeinen nicht alle Verschleißteile gleichzeitig auszuwechseln sind, sondern einige noch eine Reststandzeit t_R aufweisen, ist es sinnvoll, die Regenerationskosten auf den Entscheidungszeitpunkt abzuzinsen. Bei — der Bequemlichkeit halber unterstellter — kontinuierlicher Verzinsung erhalten wir für den Barwert der Kosten zur Erreichung eines bestimmten Regenerationsgrades

$$K_{\mathrm{Reg}} = r_1 e^{-it_{R1}} + r_2 e^{-it_{R2}} + r_3 e^{-it_{R3}}. \tag{3}$$

Für eine eher kurzfristige Betrachtungsweise — nehmen wir an, die Nutzung des installierten Aggregates sei aus nicht näher diskutierten Gründen spätestens beendet, bevor ein Ersatz eines relevanten Verschleißteiles der Alternativanlage notwendig würde, kann nun ein Kriterium für den Ersatz der Anlage durch eine neue Anlage des gleichen Typs – gleiche Auszahlungen und Regenerationsintervalle für die gleiche Anzahl von Verschleißteilen (identischer Ersatz) – formuliert werden. Die Restwerte der beiden Alternativen am Ende der Nutzungsdauer mögen zunächst Null bzw. annähernd gleich groß sein.

Kurzfristiges Regenerationskostenkriterium:

Eine Anlage ist zum Zeitpunkt t_E zu ersetzen, wenn der Barwert der Regenerationskosten zum Zeitpunkt t_E für die Erreichung eines in Relation zur alternativ zu beschaffenden Anlage befriedigenden Regenerationsgrades die Anschaffungskosten A der Alternativanlage zum Zeitpunkt t_E, abzüglich des Restwertes (Marktwert) der installierten Anlage zum Zeitpunkt t_E, übersteigt.

Existieren unterschiedliche nicht negative Marktrestwerte für die beiden Alternativen am Ende der Nutzungsdauer, so ist der jeweils entsprechende Barwert vom Anschaffungspreis bzw. vom Marktrestwert zu t_E noch abzuziehen.

Dieses Kriterium ist intuitiv leicht erfaßbar: die im betrachteten Zeitraum anstehenden Reparaturen sind, wenn obiges Kriterium erfüllt ist, kostengünstiger durch den Kauf einer Neuanlage zu umgehen.

Bei längeren Betrachtungszeiträumen, und wir unterstellen nun den in der Literatur üblicherweise betrachteten Fall der unendlichen identischen Reinvestition, ist obiges Kriterium jedoch zu eng gefaßt. Es muß sowohl für die bereits installierte Anlage als auch für die Alternativanlage jeweils die Kette aller nachfolgenden Regenerationszahlungen zusätzlich betrachtet werden.

Bei einem Vergleich der installierten Anlage mit der Alternativanlage (die übrigens keine Neuanlage sein muß) fällt aber auf, daß die Zahlungsströme für die weiteren Regenerationen der beiden Anlagen in aller Regel gegeneinander verschoben sind (siehe Abb. 3) und daher trotz identischer Struktur unterschiedliche Barwerte aufweisen. Diese Differenz der Barwerte hat zusätzlichen Einfluß auf den Ersatzzeitpunkt. Wir formulieren nun ein Kriterium für den Ersatz einer Anlage zum Zeitpunkt t_E bei längerfristiger Betrachtungsweise und gehen anschließend auf die Problematik der Ermittlung dieser Barwerte ein.

Langfristiges Regenerationskostenkriterium:

Eine Anlage ist zum Zeitpunkt t_E zu ersetzen, wenn der Barwert aller künftigen Regenerationskosten zur Aufrechterhaltung eines definierten Regenerationsniveaus die Anschaffungskosten einer Alternativanlage zum Zeitpunkt t_E zuzüglich des Barwertes der dann zu erwartenden künftigen Regenerationskosten für die Aufrechterhaltung des gegebenen Regenerationsniveaus und abzüglich des Restwertes der installierten Anlage zum Zeitpunkt t_E übersteigt.

Natürlich sind in die Ermittlung des diskontierten Erwartungswertes der Regenerationsausgaben zu t_E jetzt auch die vorher nicht berücksichtigten, innerhalb der Nutzungsdauer zeitabhängig verschleißenden Komponenten einzubeziehen, die zwar – wie gezeigt – keinen Einfluß auf die optimale Intensität der Betriebsmittelnutzung haben, aber eben doch einen Einfluß auf die optimale Nutzungsdauer. Da die Barwerte für die

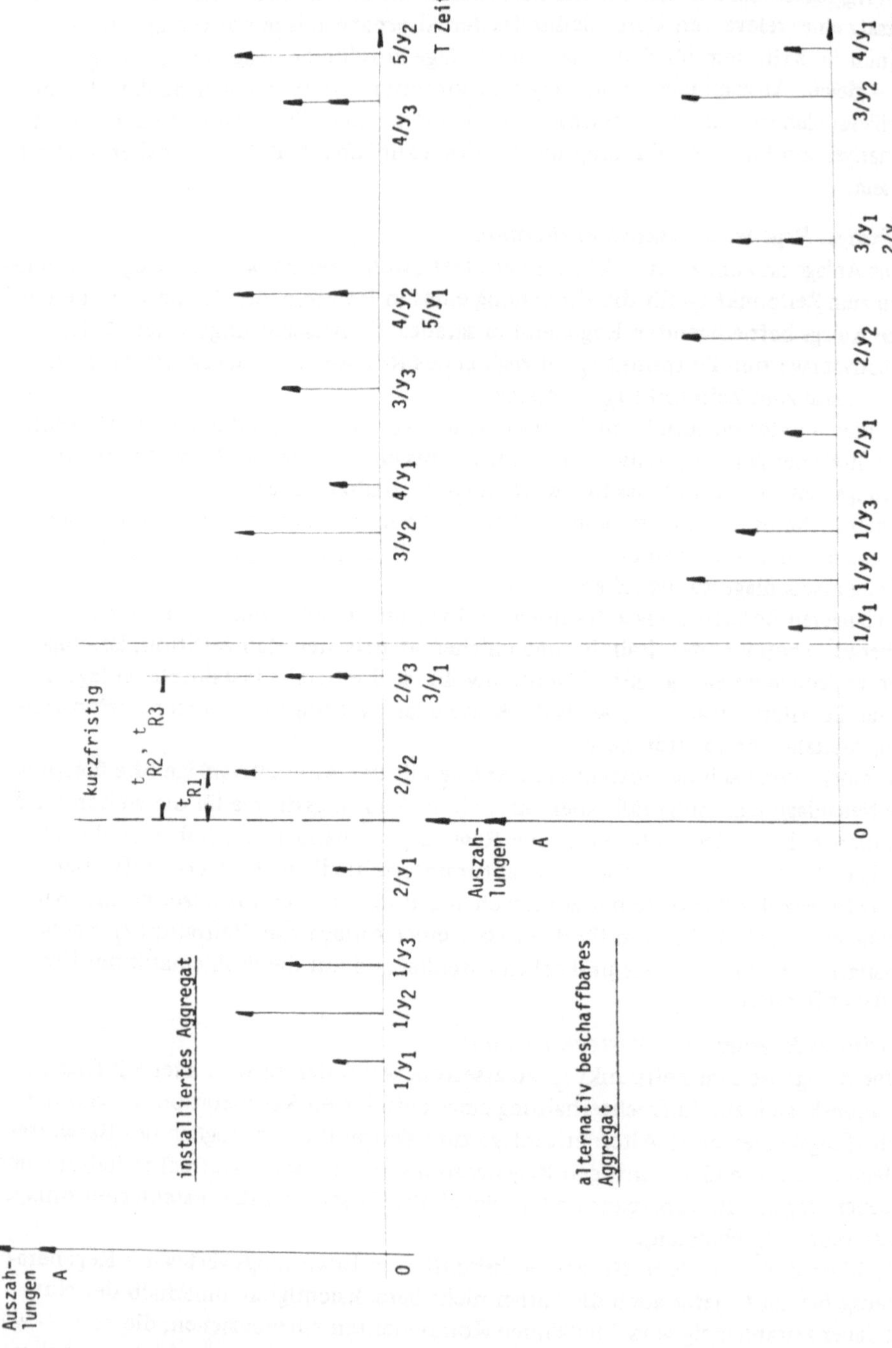

Abb. 3: Zahlungsströme des Ersatzproblems

gegeneinander abzuwägenden Alternativen nicht bekannt sind, sie hängen ja von der Restnutzungsdauer der Anlage ab und damit vom gesuchten Ersatzzeitpunkt, können wir uns einer Lösung nur iterativ nähern.

Wir unterstellen daher für beide Alternativen zunächst den Fall der einmaligen Beschaffung einer Anlage mit nachfolgender unendlicher identischer Reinvestition aller involvierten Verschleißteile. Die Berechnung des Barwertes der Kosten zur Erfüllung eines bestimmten Regenerationsgrades und dessen Erhaltung über den Planungshorizont erfolgt am einfachsten durch die Abzinsung des Barwertes der jedem Verschleißteil zuordenbaren Kette von Regenerationszahlungen, die jeweils im Abstand der Regenerationsintervalle $1/y$ anfallen, über die zum Zeitpunkt t_E noch verfügbare Restnutzungsdauer t_{Ri} jedes der betrachteten i Verschleißteile.

Für unser Beispiel erhalten wir die einem Regenerationsniveau zuordenbaren abgezinsten Kosten für die installierte Anlage, wenn unendliche identische Reinvestition der involvierten Verschleißteile unterstellt wird, mit

$$K_{\mathrm{Reg}} = r_1 e^{i(1/y_1 - t_{R1})} / (e^{i/y_1} - 1) + r_2 e^{i(1/y_2 - t_{R2})} / \qquad (4)$$

$$/ (e^{i/y_2} - 1) + r_3 e^{i(1/y_3 - t_{R3})} / (e^{i/y_3} - 1)$$

und für die alternativ zu beschaffende Anlage unter Einbeziehung der Anschaffungskosten zu t mit

$$K = A(t_E) + r_1 / (e^{i/y_1} - 1) + r_2 / (e^{i/y_2} - 1) + r_3 / (e^{i/y_3} - 1). \qquad (5)$$

Verwenden wir obige Gleichungen für die Ermittlung des Ersatzzeitpunktes nach dem langfristigen Regenerationskostenkriterium und ist tatsächlich ein endlicher Ersatzzeitpunkt t_E ermittelbar, so müssen wir gleichzeitig zur Kenntnis nehmen, daß eine bessere Ersatzstrategie als die eingangs vorausgesetzte — einmalige Beschaffung der Anlage und unendliche identische Reinvestition der Verschleißteile — existiert. Diese neue bessere Strategie lautet unendlicher identischer Ersatz der Anlage im Zyklus der gerade festgestellten Nutzungsdauer zwischen $t = 0$ und t_E und weist gegenüber der Ausgangsstrategie einen geringeren Barwert auf.

Haben wir dies erkannt, so müssen wir mit der neuen Strategie nochmals in das Ermittlungsverfahren für t_E einsteigen. Zunächst ist der Barwert der Investitionskette unendlicher identischer Ersatz der ganzen Anlage im eben ermittelten Rhythmus als neue Obergrenze anzusehen. Anschließend ist für jeden in Betracht kommenden Zeitpunkt der Barwert der Regenerationskosten zwischen Betrachtungszeitpunkt und nächsten Zeitpunkt eines planmäßigen Ersatzes mit den dann anschließenden Ersätzen im ermittelten Rhythmus zu ermitteln. Sollte mit diesen Werten ein neuer Ersatzzeitpunkt erreicht werden, ist die Prozedur zu wiederholen, bis die Lösung stabil bleibt. Unter Regenerationskosten werden hier also nicht nur Kosten für die Regeneration von Verschleißteilen verstanden, sondern auch Kosten für die Regeneration der gesamten installierten Kapazität auf einmal, also auch Anschaffungskosten der Anlage, wenn für eine Ersatzstrategie wiederholter Anlageneinsatz erforderlich ist. Falls eine bessere als die hier verwendete Ausgangsstrategie bekannt ist, ist es natürlich vorteilhafter, mit dieser die Rechnung zu beginnen. Wir werden die hier geschilderte Vorgangsweise in einem abschließenden Beispiel (Abschnitt 2.3) demonstrieren. Doch zuvor noch einige wesentliche Bemerkungen und Interpretationen zum Regenerationskostenkriterium.

2.1.2 Restwertekriterium

Die Differenz, die sich nach dem Regenerationskostenkriterium zwischen den Alternativen ergibt, wenn kein Ansatz des aktuellen Restwertes für die installierte Anlage erfolgt, kann als Restwert der installierten Anlage auf vollkommenen Gebrauchtanlagenmärkten interpretiert werden, wenn nur wenig differierende Auffassungen über die Restnutzungsdauer der Anlage gegeben sind (vergleiche dazu die Ausführungen in Abschnitt 1.1).

Stellen sich nun derartige Restwerte, die zwar rechnerisch negativ werden können, aber real stets nichtnegativ anzunehmen sind, auf dem Markt tatsächlich ein, so erkennt man, daß das als Ungleichung formulierte Abbruchkriterium für die Anlagennutzung stets zu einer Gleichung führt und damit stets zu Indifferenz zwischen Behalt und Ersatz der Anlage (die Kosten der Betriebsunterbrechung bei Ersatz und Regeneration mögen etwa gleich groß sein). Differenzen können nur vorliegen, wenn Unternehmungen die im Marktpreis antizipierten Regenerationskosten nicht realisieren können, der Markt unvollkommen ist oder wenn technischer Fortschritt auftritt. Eine Differenz kann aber auch als intuitiv begründete „Rückstellung" für nicht explizit erfaßte oder erfaßbare und daher im Kalkül auch nicht traktierte Verschleißprozesse gedeutet werden. Von diesem in der Praxis wahrscheinlich immer erhebbaren Residuum kann hier aber abgesehen werden.

Der aus dem Regenerationskostenkriterium als Differenz zwischen den Alternativen erhaltene Restwert bei Nichtberücksichtigung des realisierbaren Marktrestwerts für die installierte Anlage ist aber genauer als Restwert aus der Sicht des Betriebes beschrieben. Dieser theoretische Restwert aus der Sicht des Betriebes, den wir Restnutzungswert zur besseren Unterscheidung vom Marktrestwert nennen wollen, kann natürlich sowohl positive als auch negative Werte annehmen. Positive Restnutzungswerte stellen sich bei ausreichender Markttransparenz — wie oben gezeigt — auch am Anlagenmarkt ein, während negative Restnutzungswerte nur rechnerisch nachgewiesen werden und am Markt nicht realisiert werden können. Da das Ersatzkriterium in diesem Fall nun so funktioniert, daß nur beim Auftreten von negativen Restnutzungswerten ersetzt wird und bei nichtnegativen Restnutzungswerten Indifferenz zwischen Ersatz und Behalten besteht, sind die Marktrestwerte am Ende der Nutzung der Anlage, falls genügende Markttransparenz gegeben ist, immer Null. Sie müssen daher auch nicht in das Regenerationskostenkriterium einbezogen werden.

Die Definition eines Restnutzungswertes ermöglicht es uns, das Regenerationskostenkriterium bequemer als ein Restwerte-vergleichendes Kriterium zu formulieren.

Restwertekriterium:

Eine Anlage ist zum Zeitpunkt t_E zu ersetzen, falls ihr Restnutzungswert geringer ist als ihr zu t_E realisierbarer Marktrestwert.

Zu einem ähnlich formulierten Ergebnis kommt bereits *Swoboda* [1962, S. 662] ohne jedoch auf die Ermittlung des Restnutzungswertes aus den Regenerationskosten einzugehen. Swoboda geht von einem theoretisch konzipierten Restwertverlauf als Linie gleicher Rentabilität über die Zeit aus, der Indifferenz gegenüber der Anschaffung einer Alternativanlage bewirkt. Das Problem bei der Anwendung dieses Ansatzes dürfte aber in der Beschaffung der Daten für die Berechnung der Rentabilität liegen.

Betrachten wir nun die Gültigkeit der Ersatzkriterien bei typischen Fällen ungenügender Markttransparenz. Überschätzt der Markt den Wert einer Anlage aus der Sicht des Betriebes, so liegt der Marktrestwert über dem Restnutzungswert und das Ersatzkriterium ist sowohl in der Formulierung als Regenerationskostenkriterium als auch als Restwertekriterium erfüllt. Bei permanenter Unterschätzung des Anlagenwertes durch den Markt — der Marktrestwert ist ständig niedriger als der Restnutzungswert — ist Anlaß zum Ersatz nur gegeben, wenn ein negativer Restnutzungswert auftritt. Punktuell betrachtet, liegt aber dann natürlich auch eine Überschätzung durch den Markt vor, da die Marktrestwerte ja für gewöhnlich keine negativen Werte annehmen und höchstens Null werden können. Bei ungenügender Markttransparenz ist die Einbeziehung eines Marktrestwertes am Ende der Nutzungsdauer für die Berechnung nach dem Regenerationskostenkriterium nur dann von einiger Bedeutung, wenn der Markt nicht nur einmal, sondern auch langfristig den Wert der Anlage aus der Sicht des Betriebes überschätzt. Dieser Fall dürfte aber für die betriebliche Praxis kaum relevant sein.

Ein weiteres interessantes Ergebnis erhalten wir, wenn wir nach den Voraussetzungen für die Erfüllung der Ersatzkriterien fragen, wenn ausreichende Markttransparenz gegeben ist oder zumindest der Markt nicht zur Überschätzung des Anlagenwertes aus der Sicht des Betriebes tendiert. Das Regenerationskostenkriterium, und damit auch das Restwertekriterium, zeigt in diesen Fällen ja nur dann einen Ersatzzeitpunkt an, wenn der Barwert der Regenerationskosten größer wird als der Anschaffungspreis plus Barwert der Regenerationskosten der alternativen Strategie. Damit wird aber auch ersichtlich, daß der Barwert der Regenerationskosten einer installierten Anlage zu irgendeinem Zeitpunkt zumindest den Anschaffungspreis einer Anlage übersteigen können muß, um einen negativen Restnutzungswert zu erhalten, ja sogar, daß die Summe der Regenerationskosten den Anschaffungspreis übersteigen muß. In Umkehrung dieses Schlusses erhalten wir die interessante Aussage, daß nicht notwendigerweise für jede Anlage ein optimaler Ersatztermin gegeben sein muß, wenn — so wie hier — technischer Fortschritt ausgeschlossen ist. Die Existenz eines optimalen Ersatzzeitpunktes hängt daher von folgender Bedingung ab.

Satz: Für eine Anlage existiert nur dann notwendigerweise ein optimaler Ersatzzeitpunkt, wenn die Summe aller Regenerationskosten die Anschaffungskosten übersteigt.

Wir beweisen diesen Satz ohne Einschränkung der Allgemeinheit für eine Anlage mit nur einem Verschleißteil, der Regenerationskosten von r_1 erfordert, und ziehen dazu die Gleichungen (4) und (5) heran. Um mit Sicherheit einen negativen Restnutzungswert zu erhalten, muß nach dem Regenerationskostenkriterium zumindest der Barwert der Regenerationskosten für die installierte Anlage unmittelbar vor einer Regeneration, also für $t_{R1} = 0$, den Barwert der Ersatzstrategie übertreffen.
Es muß also gelten

$$r_1 e^{i/y_1}/(e^{i/y_1} - 1) > A + r_1/(e^{i/y_1} - 1).$$

Durch Umformen erhalten wir

$$r_1 \, (e^{i/y_1} - 1) \, / \, (e^{i/y_1} - 1) > A$$

oder

$$r_1 > A$$

als notwendige Bedingung für die Existenz eines optimalen Ersatzzeitpunktes, $q \cdot e \cdot d$.

Es sei noch darauf hingewiesen, daß der Restnutzungswert einer installierten Anlage auch noch vom geforderten Regenerationsgrad bestimmt wird. Durch die Art der betrieblichen Verwendung einer Anlage ist es durchaus denkbar, daß Anlagenteile, Verschleißteile, die den Wert des Aggregates am Markt mitbestimmen, vernachlässigt werden können. Für die Erreichung eines befriedigenden Regenerationsgrades ist es aus der Sicht der Benutzer keineswegs unbedingt erforderlich, daß alle vorhandenen Verschleißteile in die Rechnung gleichermaßen einbezogen werden müssen, sondern eben nur jene, die relevant für das Auslösen der Indifferenz in der Wertschätzung gegenüber einer Alternativanlage sind.

2.1.3 Die Ermittlung von Ersatzzeitpunkt und/oder Nutzungsdauer mit den Regenerationskostenkriterien bzw. dem Restwertekriterium

Wichtig für die Anwendung der Kriterien ist die Wahl des Ermittlungszeitpunktes. Prinzipiell kann als Ermittlungszeitpunkt t_E für die Anwendung obiger Kriterien jeder beliebige Zeitpunkt gewählt werden, einige Punkte sind aber dafür besonders prädestiniert und jedenfalls zu beachten. Im wesentlichen sind zwei Gruppen von Punkten auf der Zeitachse als Ermittlungszeitpunkte von Relevanz. Einmal empfiehlt sich die Rechnung unbedingt unmittelbar vor jeder (größeren) Regeneration, da der Barwert der Kosten infolge des Wegfallens der Abzinsung für die gerade anstehende Regeneration und des Näherrückens der weiteren Regenerationsereignisse jedenfalls einen Extremwert in der lokalen Umgebung aufweisen wird. Und weiters sollte bei Auftreten von technischem Fortschritt sofort überprüft werden, ob der Restnutzungswert der installierten Anlage nicht bereits rechnerisch negativ wird und die Anlage daher durch den Träger des technischen Fortschritts ersetzt werden sollte (siehe Abschnitt 2.2). Natürlich kann auch ein stetiger Restwertverlauf über die ganze Zeitachse ermittelt werden, wie in Abbildung 4 für das nachfolgende Beispiel; der Aufwand dafür scheint aber nicht gerechtfertigt, weil jedenfalls bei Auftreten eines Reparaturereignisses und/oder von technischem Fortschritt ein lokales Minimum des Restnutzungswertes in der Umgebung des Ereignisses garantiert ist. Damit ist eine ausreichende Information für die Entscheidung über den Ersatz einer Anlage gegeben.

Wird der Ersatz einer Anlage nach obigen Kriterien bestimmt, so fällt auch auf, daß bei Beendigung der Nutzungsdauer, die hier also jedenfalls vor einer Regeneration gegeben ist, einige Komponenten offenbar noch nicht verschlissen sind, da sie noch eine Restlebensdauer besitzen. Man könnte nun einwenden, daß die Wartung für diese Komponenten gegen das Ende der Nutzungsdauer desintensiviert werden könnte, damit alle Komponenten zum Ersatzzeitpunkt zugleich verschlissen sind. Dazu ist zu sagen, daß die Regenerationsintervalle und damit auch die Restnutzungsdauern der noch nicht verschlissenen Komponenten Mittelwerte mit Streuungen sind. Ein Planen des Verschleißes auf einen gleichen Ersatzzeitpunkt für alle Komponenten führt mit einer gewissen Wahrscheinlichkeit zu Ausfällen von anderen Komponenten vor dem ursprünglich bestimmten Zeitpunkt. Außerdem sinkt — so er überhaupt zu diesem Zeitpunkt noch sinken kann — der Marktrestwert durch derartige Maßnahmen. Es ist weiters dabei zu beachten, daß Anlagen, wenn sie ersetzt werden, oft nur aus einer gewissen Art der Verwendung entlassen werden und einer anderen zugeführt werden. Präzisionsdrehbänke können nachdem sie a.G. der restriktiven Dauergebrauchskriterien nach dem Regenerationskostenkriterium beispielsweise eliminiert wurden, durchaus noch als sogenannte Schruppdrehbänke für gröbere Spanfolgen mit geringerem Genauigkeitsanspruch oder als Schuldrehbänke in Lehrwerkstätten u.ä.m. verwendet werden.

Letztlich sei zu diesem Themenkreis noch darauf hingewiesen, daß auch die durch eine Desintensivierung der Wartung zu erwartende Wirkungsgradverschlechterung zu erhöhten Ausgaben für Betriebsstoffe und Energie führt, so daß der erhoffte Vorteil auch dadurch geschmälert wird.

Es sei nun ein kleines Beispiel zur Anwendung des kurzfristigen und des langfristigen Regenerationskostenkriteriums für die Bestimmung des optimalen Ersatzzeitpunktes gegeben und diskutiert. Um Annahmen über realisierbare Marktrestwerte zu den jeweils betrachteten Entscheidungszeitpunkten t_E offenlassen zu können, wenden wir das Ersatzkriterium in der Formulierung als Restwertekriterium an. Als Entscheidungszeitpunkte wählen wir aus den oben erwähnten Gründen nur Zeitpunkte jeweils unmittelbar vor einem Regenerationsereignis.

Als Ausgangsdaten für ein Aggregat mit drei relevanten Verschleißteilen und einer an der (durchschnittlichen) Intensität der Nutzung bereits orientierten Instandhaltungspolitik mögen gelten:

Anschaffungskosten A = 5.000.—, Regenerationskosten der Verschleißteile 1, 2 und 3, r_1 = 1.000.—, r_2 = 3.000.—, r_3 = 2.000.— mit Regenerationsintervallen $1/y_1$ = 4, $1/y_2$ = 5 und $1/y_3$ = 6 Zeiteinheiten. Der Diskontsatz i sei 0,1 (10 %). Die gegebenen Daten mögen sich im Zeitablauf nicht verändern. In den Anschaffungskosten der Alternativanlage und in den Regenerationskosten mögen Steuern, Montagekosten, etc. und Betriebsunterbrechungskosten berücksichtigt sein.

In Abbildung 3 sind die Zahlungsströme für die Regenerationsereignisse und die Anschaffungskosten dargestellt.

a) Kurzfristige Planungsperiode:
Als kurzfristig im Sinne des Regenerationskostenkriteriums wurde jene Zeitspanne angesehen, innerhalb der bei der Alternativanlage kein Verschleißteil ausgewechselt werden muß. Da wir identischen Ersatz unterstellt haben, ist dies jedenfalls eine Zeitspanne, die kleiner als 4 Zeiteinheiten ist. Wir wählen für unser Beispiel ein Intervall, das geringfügig kürzer als 4 Perioden ist und greifen zwei an sich beliebig gewählte Entscheidungszeitpunkte heraus. Die Marktrestwerte der beiden Alternativen am Ende der Nutzungsdauer mögen gleich groß sein.
Fall 1: Entscheidungszeitpunkt unmittelbar bevor Verschleißteil 1 zum zweitenmal regeneriert werden muß, t_E = $2/y_1$. Innerhalb der definierten Zeitspanne muß neben Teil 1 noch Teil 2, allerdings erst zwei Perioden später, ausgetauscht werden.

Die Regenerationskosten betragen zu $t_E = 2/y_1$

$$K_{Reg} = 1000 + 3000\,e^{-0,1} = 3.456.-.$$

Als Restnutzungswert erhalten wir zu t_E

$$RNW = A - K_{Reg} = 5000 - 3456 = 1.544.-.$$

Steigt der realisierbare Marktrestwert über 1.544.–, so ist zu ersetzen.
Fall 2: Entscheidungszeitpunkt unmittelbar bevor Verschleißteil 1 zum drittenmal
und Verschleißteil 3 zum zweitenmal ausgetauscht werden müßte,
$t_E = (3/y_1 = 2/y_3)$. Verschleißteil 2 hat zu diesem Zeitpunkt noch eine Restnutzungsdauer von 3 Zeiteinheiten

$$K_{Reg} = 1000 + 2000 + 3000\,e^{-0,3} = 5.222.-.$$

Die Regenerationskosten übersteigen nun $A = 5.000.-$, so daß ein negativer Restnutzungswert von 222.– erhalten wird. Das Aggregat ist zu t_E zu ersetzen, da die
erwarteten Regenerationskosten die Anschaffungskosten übersteigen. Ist am Gebrauchtanlagenmarkt darüber hinaus für dieses Aggregat noch ein positiver Restwert
festzustellen, so ist dies natürlich ein weiteres Argument für den Ersatz zu t_E;
Die Ergebnisse von Fall 1 und Fall 2 sind in Abbildung 4 eingezeichnet.

b) Langfristige Planungsperiode:
Wir wenden uns nun der längerfristigen Betrachtungsweise zu und unterstellen für
die Rechnung den Fall des unendlichen identischen Ersatzes. Der Barwert der Regenerationskosten wurde für alle sinnvollen Zeitpunkte, d.h. unmittelbar vor jedem
Regenerationsereignis nach Gleichung (4) berechnet. Der Barwert der Alternative
Ersatz ist nach Gleichung (5) zu berechnen und muß nur einmal bestimmt werden,
da unendlicher identischer Ersatz und der Einfachheit halber Konstanz aller Ausgangsdaten unterstellt wurde. Als Differenz der Barwerte erhalten wir jeweils den
Restnutzungswert. Die Ergebnisse sind der tieferstehenden Tabelle 1 zu entnehmen
und in Abbildung 4 eingezeichnet.

t_E	K_{Ersatz}	$K_{Regeneration}$	Restnutzungswert
0		9.090	5.000
$1/y_1 = 4$		13.561	529
$1/y_2 = 5$		13.882	208
$1/y_3 = 6$		12.116	1.974
$2/y_1$		12.247	1.843
$2/y_2$		13.737	353
$3/y_1 = 2/y_3$	14.090	13.114	976
$3/y_2$		13.653	437
$4/y_1$		11.773	2.317
$3/y_3$		13.159	931
$5/y_1 = 4/y_2$		13.629	461
$6/y_1 = 4/y_3$		14.365	−275
$5/y_2$		12.560	1.530

Tab. 1: Restnutzungswert bei unendlichem identischen Ersatz der Verschleißteile jeweils
unmittelbar vor der Regeneration

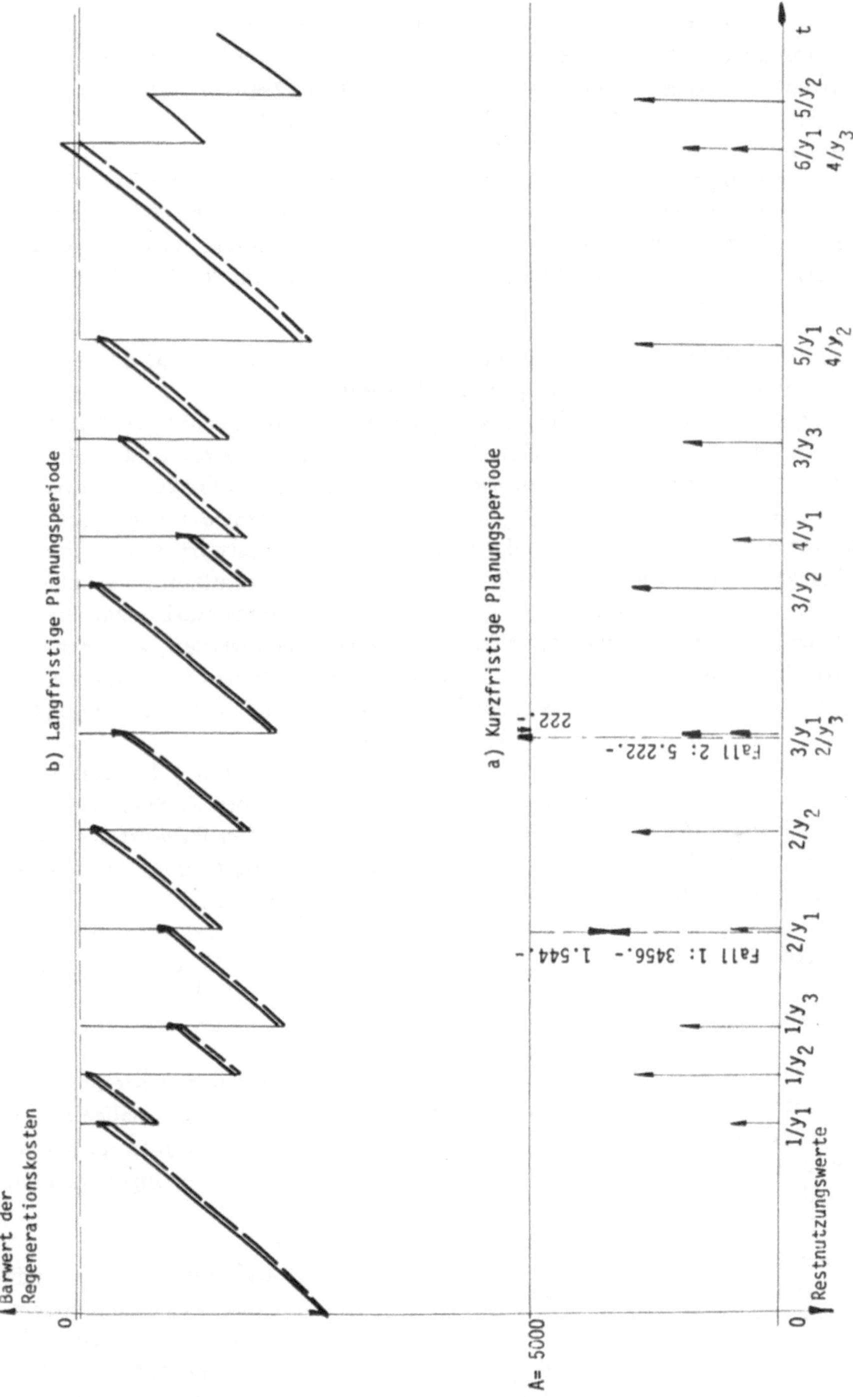

Abb. 4: Restnutzungswerte und Barwerte der Regenerationskosten

Der Graph für den Barwert der Regeneration bzw. die Restnutzungswerte nimmt
den bekannten sägeförmigen Verlauf. Unmittelbar nach einer Regeneration steigt
der Restnutzungswert um den Regenerationskostenbetrag sprunghaft an.
Wir sehen, daß zu $t_E = 6/y_1 = 4/y_3$ der Restwert für die Benutzer negativ ist.
Falls nun nicht zu irgendeinem Entscheidungszeitpunkt vorher der Restnutzungswert bereits geringer war als der jeweils aktuelle Restwert am Gebrauchtanlagenmarkt, so ist zu diesem Zeitpunkt die Anlage jedenfalls zu ersetzen. Ist außerdem
noch ein positiver Marktrestwert zu erlösen, so ist er dem Betrag des negativen Restnutzungswertes hinzuzuzählen, wodurch die Entscheidung für den Ersatz der Anlage nur noch bestärkt wird.

Wir diskutieren jetzt dieses Ergebnis im Hinblick auf seine Sensitivität und auch im
Hinblick darauf, ob es bereits ein Optimum darstellt.
Die Strategie einmalige Beschaffung des Aggregates und unendlicher identischer Ersatz der Verschleißteile führt zu einem Kostenbarwert zu $t = 0$ von 14.090,47. Als
Alternative zu dieser Strategie haben wir mittels des Regenerationskostenkriteriums
den Ersatz zu $t = 24\ (= 6/y_1 = 4/y_3)$ ermittelt. Voraussetzung dafür war, daß zu
keinem vorangegangenen Zeitpunkt der realisierbare Marktrestwert den in Abbildung 4 eingezeichneten bzw. in Tabelle 2 ausgewiesenen Restnutzungswert übersteigt. Diese Voraussetzung ist gegeben, wenn wir ausreichende Markttransparenz
unterstellen, denn dann können die beiden Restwerte gleich werden, wodurch sich
(maximal) Indifferenz hinsichtlich der Wahlmöglichkeiten Behalt und Ersatz ergibt.
Wir zeigen nun, daß die Alternative unendlicher identischer Ersatz der Anlage jeweils nach 24 Perioden einen geringeren Barwert aufweist.
Zur Berechnung des Barwertes dieser Alternative berechnen wir den Barwert der
Regenerationen bis $t = 24$ exklusiver der zu $t = 24$ anstehenden Regenerationskosten und zählen die Anschaffungskosten von 5.000.– dazu. Der Barwert des Investitionsprojektes über 24 Perioden wird nun unendlich reinvestiert, so daß wir schließ-
lich die Summe der diskontierten Barwerte der Einzelprojekte erhalten.

$$K_{24} = (5000 + \sum_{n=1}^{5} 1000 \cdot e^{-0,4n} + 3000 \sum_{n=1}^{4} e^{-0,5n} + 2000 \sum_{n=1}^{3} e^{-0,6n})/(1-e^{-2,4})$$

$$= 14.063,09.$$

Nun muß aber dieses Ergebnis für die Beurteilung der Restnutzungswerte herangezogen werden, da es günstiger ist als jenes der Ausgangsalternative einmalige Anschaffung und unendlicher identischer Ersatz der Verschleißteile. Für unser Beispiel
bedeutet dies, daß die Restnutzungswerte, so wie sie in der Tabelle eingetragen sind
und aus Abbildung 4 ersichtlich werden, zunächst jeweils um
14.090,47 – 14.063,09 = 27,38 zu hoch ausgewiesen sind.
Da wir jetzt eine bessere Alternative als die einmalige Anschaffung und den unendlichen identischen Ersatz der Verschleißteile kennen, nämlich den Ersatz der Anlage
jeweils nach 24 Perioden bei sonstiger unendlicher Reinvestition, müssen wir noch
untersuchen, welcher Einfluß davon auf die Barwertermittlung der Regenerationskosten ausgeht. Bisher wurden die Regenerationskosten zum Entscheidungszeit-

punkt t_E ja unter der Annahme der weiteren unendlichen identischen Reinvestition der Verschleißteile ermittelt, während jetzt feststeht, daß der Ersatz der Anlage jeweils nach 24 Perioden erfolgt. Für die zu einem beliebigen Entscheidungspunkt t_E gehörende Ausgangssituation muß nun die beste Alternative berechnet werden. Es müssen die diskontierten Regenerationskosten zwischen t_E und dem nächsten ganzzahligen Vielfachen von 24 plus dem Barwert zu t_E der dann folgenden Kette von unendlichen identischen Ersätzen inklusive Regenerationskosten den Kosten eines sofortigen unendlichen identischen Ersatzes im 24 Periodenrhythmus gegenübergestellt werden. Mit anderen Worten, die bis zum nächsten ganzzahligen Vielfachen von 24 fälligen Regenerationskosten, diskontiert auf den Entscheidungspunkt t_E, müssen mit den Kosten einer Vorverlagerung der unendlichen Investitionskette, die Ersatz jeweils im Abstand von 24 Perioden vorsieht, verglichen werden. Um diesen Differenzbetrag, der jeweils zu t_E berechnet werden muß, ist nun noch der Restnutzungswert zusätzlich zu korrigieren. Das Ergebnis dieser Rechnung findet sich in Tabelle 2 und ist in Abbildung 4 strichliert eingezeichnet.

Da hier kein negativer Restwert für die Benutzer mehr festzustellen ist, kann begründeterweise die Lösung, alle 24 Perioden zu ersetzen, auch als optimal gelten.

t_E	$K_{\text{Ersatz 24}}$	$K_{\text{Regeneration}}$	Restnutzungswert
0		9.063	5.000
$1/y_1 = 4$		13.521	542
$1/y_2 = 5$		13.837	226
$1/y_3 = 6$		11.977	2.086
$2/y_1$		12.186	1.877
$2/y_2$		13.663	400
$3/y_1 = 2/y_3$	14.063	13.023	1.040
$3/y_2$		13.530	533
$4/y_1$		11.638	2.425
$3/y_3$		12.993	1.070
$5/y_1 = 4/y_2$		13.427	636
$6/y_1 = 4/y_3$		14.063	0

Tab. 2: Restnutzungswert bei unendlichem identischen Ersatz der Anlage im 24 Perioden-Rhythmus jeweils unmittelbar vor der Regeneration

Nach dieser Analyse wird auch ersichtlich, daß die angewandten Kriterien nicht nur zur Bestimmung des Ersatzzeitpunktes bereits installierter Anlagen herangezogen werden können, sondern natürlich auch zur Bestimmung der optimalen Nutzungsdauer einer erst zu beschaffenden Anlage.

2.2 Verschleiß und technischer Fortschritt als Bestimmungsgründe für Ersatzzeitpunkt und Nutzungsdauer

Stetig oder sprunghaft auftretender technischer Fortschritt (letzterer dürfte eher als eine durch ein Informationsproblem verschärfte Variante des kontinuierlichen Fortschritts anzusehen sein) kann in den Optimierungsmodellen zur Nutzungsdauerberechnung durch den Ansatz von Opportunitätskosten infolge des Nichtbenützens der jeweils verfügbaren besten Anlage berücksichtigt werden [Terborgh].

Für die Dimensionierung der Opportunitätskosten sind dabei im wesentlichen drei Komponenten bestimmend:

— Die Instandhaltungskosten sind gegenüber der betrachteten Anlage geringer, weil die beste verfügbare, nicht benutzte Anlage beispielsweise weniger Verschleißteile und/ oder verschleißresistentere Materialien aufweist und/oder die Wartungsaktivitäten (a.G. der Konzeption z.B.) weniger Kosten verursachen.
— Die Betriebskosten sind geringer (geringerer Energieverbrauch je Einheit des maschinenspezifischen Outputs z.B.).
— Durch die überlegene Konzeption der fortgeschrittenen Anlage steigt die Qualität der Produkte derart, daß dafür höhere Erlöse erzielt werden und/oder für die auf der installierten Anlage produzierten Güter mit Erlösschmälerung zu rechnen ist.

Die beiden ersten Komponenten wirken sich in der Gestalt der Verbrauchsfunktion für die Instandhaltung und damit bei der Ermittlung der optimalen Intensitäten für die konkurrierenden Instandhaltungsaktivitäten aus sowie in den Verläufen der betroffenen Repetierfaktorverbrauchsfunktionen.

Die letzte Einflußgröße betrifft die Einzahlungen und wirkt sich jeweils für den Zeitraum, für den eine Anlage als beste verfügbare, nicht benutzte Anlage gilt, erlösmindernd aus.

Insgesamt sind die aus obigen Gründen bei Nichtverwendung der fortgeschrittenen Anlage feststellbaren Zahlungsnachteile dabei je produziertem Stück konstant und können daher dem maschinenspezifischen Output zugeordnet werden. Die kumulierten Zahlungsnachteile hängen somit von der Intensität der Nutzung der Anlage bzw. der Anpassungsstrategie im Leistungsbereich ab. Bei rein zeitlicher Anpassung im Leistungsbereich ergibt sich daraus ein konstanter Zahlungsnachteil je Zeiteinheit, ähnlich dem Wert g, der von Terborgh zur Berücksichtigung des technischen Fortschritts eingeführt wurde.

Neben dem Auftreten von Zahlungsnachteilen beim Verfügbarwerden von technisch fortgeschrittenen Anlagen tritt in der Regel auch noch ein Restwertverfall auf. Die Anschaffungswerte für den installierten Maschinentyp — egal ob neu oder gebraucht — müssen auf vollkommenen Märkten um die durchschnittlichen über die durchschnittliche Nutzungsdauer dieses Typs kumulierten und diskontierten Zahlungsnachteile sinken.

Welche Probleme ergeben sich nun aus der Einbeziehung des technischen Fortschritts für Formulierung und Anwendung der Ersatzkriterien?

Betrachtet man die Formulierung des Regenerationskostenkriteriums, so ist zunächst festzustellen, daß der Barwert der Zahlungsnachteile aus Einnahmenüberschußänderungen zusätzlich zu quantifizieren ist und ersatzfördernd wirkt, d.h. er ist den Regenerationskosten der installierten Anlage hinzuzuzählen. Für die Ermittlung von Anschaffungskosten einer Alternativanlage zum Zeitpunkt t_E zuzüglich der dann zu erwartenden Regenerationskosten — wie dies im Regenerationskostenkriterium formuliert wurde — sind nun die Daten der technisch fortgeschrittenen Anlage einzusetzen. Dies bedeutet, daß die Intensität der Nutzung der neuen Anlage bekannt sein muß, und daß verschleißrelevante Daten für die Ermittlung der dazugehörigen kostenminimalen Instandhaltungspolitik verfügbar sein müssen. Für die Intervalle, über die die

Barwerte zu ermitteln sind, gilt prinzipiell wieder das im vorangegangenen Abschnitt Gesagte.

Kommen jedoch technisch fortgeschrittene Anlagen in kurzen Zeitabständen auf den Markt, so sind gleichzeitig mehrere Alternativen — auch hinsichtlich der Nutzungsdauer jeder alternativ möglichen Anlage — zu berücksichtigen, was sich u.U. ersatzhemmend auswirken kann, — d.h. es wird nicht jeder technische Fortschritt mitgemacht.

Zur Methodik der Vorgangsweise zur Ermittlung der besten Alternative mittels der dazu besonders geeigneten dynamischen Programmierung sei auf *Swoboda* [1973] und in Verbindung mit der Ermittlung von „repair limits" auf *Ederer* [1980] verwiesen.

Prinzipiell gilt also auch bei technischem Fortschritt, daß Indifferenz zwischen Ersetzen und Behalten unter den gegebenen Prämissen herrschen sollte. Durch die in der Analyse zu berücksichtigenden (stetigen) Trends der Zahlungsnachteile — wiewohl diese Trends natürlich nicht beliebig zu extrapolieren sind, da sonst der Betrieb einer Alternativanlage mit negativen Auszahlungen für möglich gehalten werden müßte [*Swoboda*, 1977, S. 100], — wird der Spielraum bzw. die Wahrscheinlichkeit dafür, daß keine rechnerisch negativen Restnutzungswerte erhalten werden, aber wesentlich eingeschränkt.

IV. Auswirkungen einer verschleißorientierten Betrachtung der Kapazitätsnutzung auf Kostentheorie und Plankostenrechnung

Die aus der mangelnden Teilbarkeit von Potentialfaktor-Kapazitätseinheiten sich ergebenden Probleme der Einbeziehung ihrer Nutzung in die Kostentheorie und Kostenrechnung finden ihren Niederschlag in der Literatur als Abschreibungsdiskussion. Eine Berücksichtigung des Verschleißes erschöpft sich dabei zumeist durch Aufnahme in Aufzählungen von Abschreibungsursachen und manchmal in Bemerkungen, daß eine quantitative Berücksichtigung des Verschleißes nicht oder nur sehr schwer möglich ist [*Schneider*, 1975, S. 268; *Schweitzer/Hettich/Küpper*, 1975, S. 108f.; *Heinen*, S. 62]. In Abschnitt 1 wird daher kurz auf die Abschreibungsdiskussion eingegangen, wobei vor allem die Modellannahmen von Ansätzen zur Ermittlung der variablen Abschreibungen einer kritischen Betrachtung unterzogen werden und eine der verschleißorientierten Betrachtung adäquate Behandlung des Abschreibungsproblems für eine entscheidungsorientierte Kostenrechnung begründet wird.

In Abschnitt 2 werden die Konsequenzen der verschleißorientierten Betrachtungsweise für die Ausgestaltung der Plankostenrechnung untersucht, wobei neben einer Kritik am Ansatz der Abschreibungen und der Instandhaltungskosten auch auf die Möglichkeit der Installierung des maschinenspezifischen Outputs als Bezugsgröße der Kostenplanung hingewiesen wird.

1. Die Diskussion um die variablen Abschreibungen in Kostentheorie und Kostenrechnung

1.1 Nutzungsbedingter Verschleiß als Abschreibungsgrund versus Regeneration

Als Ziel für die Abschreibungsermittlung wird in der Literatur zur Kostenrechnung zumeist die verursachungsgerechte Aufteilung der Anschaffungskosten auf die Leistungen unter besonderer Berücksichtigung von Beschäftigungsschwankungen (Variabilität) angegeben. Für eine ausführliche Diskussion der wichtigsten Ansätze zur Ermittlung der Abschreibungen in der Kostenrechnung verweisen wir auf die genaue Arbeit von *Mahlert* [1976, ab S. 108] und die dort angegebene Literatur. Im folgenden sei dazu nur eine Definition von Swoboda gegeben, die sich auf die Problematik der Ermittlung bezieht und als typisch für die Kostenrechnungsliteratur gelten kann [*Swoboda*, 1978, S. 16].

„Die kalkulatorischen Abschreibungen sollen die Wertminderung der Gegenstände des Anlagevermögens während einer Periode erfassen. Der Wertverlust ist verursacht durch den nutzungsbedingten Verschleiß und nicht nutzungsbedingten Verschleiß und die technische und wirtschaftliche Überholung. Um die Entwertung eines Anlagegegenstandes während einer Periode zu ermitteln, müßte der Wert des Gegenstandes zu Beginn der Periode und der Wert zu Periodenende gegeben sein. . .".

Bei dieser Fixierung auf den Restwertverlauf wird vielfach übersehen, daß nicht nur der Marktwert einer Anlage am Periodenende, sondern auch — wie im vorangegangenen Kapitel gezeigt wurde — der Restnutzungswert wesentlich von den in der Periode getätigten Regenerationen abhängt. Die Differenz zweier Restnutzungswerte zeigt dann an, wie sich der Barwert der künftig notwendigen Regenerationszahlungen zwischen zwei Zeitpunkten verändert hat. Betrachten wir nun gleichzeitig dazu die Verrechnung von Regenerationskosten für denselben Zeitraum in der Kostenrechnung, so erkennen wir, daß neben den Regenerationskosten für die durchgeführten Reparaturen auch noch in den Abschreibungen deren künftige Wiederholung berücksichtigt ist. Hier liegt offenbar eine Mehrfachverrechnung vor. Einmal werden (diskontierte) Instandhaltungskosten als Abschreibungen in einer Periode verrechnet, für die die dazugehörigen Regenerationen noch nicht fällig waren und zum anderen werden für diese Regenerationen später, nämlich in der Periode, in der die Regenerationen tatsächlich durchzuführen sind, Instandhaltungskosten verrechnet oder aktiviert und aliquot als Abschreibungen zusätzlich verrechnet.

Bleibt man bei der in dieser Arbeit getroffenen Aufteilung aller Maschinenelemente in Obsoleszenzfaktoren und in Verschleißfaktoren, die nutzungsabhängig verschleißen, kann man für eine entscheidungsorientierte Kostenrechnung folgende Überlegungen zur Abschreibungsermittlung (variable Abschreibungen) anstellen. Es ist zunächst Autoren wie *Smith* [1966, S. 132f.] und Schneider völlig zuzustimmen, wenn sie darauf hinweisen, daß „nicht der einzelne Anlagengegenstand Investitionsobjekt (ist), sondern die Kapazitätseinheit als Ganzes" [*Schneider*, 1975, S. 269]. Der Verschleiß ist ein materieller Prozeß, der nicht an Kapazitäten, sondern an Anlagen und Anlagenteilen angreift. Die installierte Kapazität bleibt bis zur Desinvestition ein Datum, ihre Verfügbarkeit wird durch Instandhaltungsmaßnahmen an den Anlagenteilen erhalten.

Der Anschaffungspreis zuzüglich Investitionssteuern, Montagekosten etc. kann als

„Eintrittspreis" für die Nutzung einer bestimmten Technologie, die durch die Konzeption der Maschine gegeben ist, angesehen werden. Wird die Technologie im Produktionsprozeß exekutiert, geht damit eine Abnutzung von Verschleißfaktoren einher. Die damit verbundenen Kosten werden durch die Verbrauchsfunktion der Instandhaltung erfaßt (Abschnitte II.3 und 4).

Es genügt damit durchaus, wenn anstelle von variablen Abschreibungen periodisch nur die Kostenannuitäten der Regenerationsauszahlungen oder zumindest nur durchschnittliche Instandhaltungskosten als Kosten der Anlagennutzung angesetzt werden. Weitere leistungsabhängige Kosten entstehen keine mehr, die Nutzung der Technologie eines einmal beschafften Aggregates steht tatsächlich grenzkostenlos zur Verfügung. Die variablen Abschreibungen sind somit unter dem Blickwinkel des Verteilungsaspektes der Anlagenentwertung eine Fiktion. Es gibt keine Entwertung infolge Gebrauch, die sich nicht reparieren läßt und nicht als Instandhaltung berücksichtigt werden kann.

Wertminderungen infolge des Auftretens von technischem Fortschritt begründen ebenfalls keine leistungsabhängigen variablen Abschreibungen in einer preisrechtfertigenden entscheidungsorientierten Kostenrechnung, da die Entwertung in einem Zug am Anlagenmarkt erfolgt. Allerdings kann, wenn die installierte Anlage nicht gegen das beste verfügbare technisch fortgeschrittene Aggregat ausgetauscht wird, der dem Output zurechenbare Betrag an Zahlungsnachteilen als variable Wertminderung aus der Sicht des Betriebes angesehen werden, da ja bei laufender Produktion der Restnutzungswert (nicht jedoch der Marktrestwert!) der installierten Anlage auch in Abhängigkeit von der Intensität der Nutzung sinkt.

1.2 Produktgrenzkosten und Verschleiß

Stand bei den oben behandelten Problemen zur Abschreibungsproblematik noch der Verteilungsaspekt im Vordergrund, so wird in den neueren Arbeiten vor allem auf eine investitionstheoretische-kostentheoretische Begründung der Abschreibungsbestimmung abgestellt. Diese Konzeption ist vor allem im Hinblick auf eine entscheidungsorientierte Kostenrechnung, das heißt für die Bestimmung der Variabilität der Abschreibungen von Bedeutung. Ausgehend von einer (infinitesimal) kleinen Schwankung in der Intensität der Nutzung wird deren Einfluß auf die dem Investitionsprojekt zurechenbaren Zahlungsströme [*Swoboda*, 1979; *Luhmer*, 1980; *Kistner*] oder überhaupt die Auswirkungen auf alle betrieblichen Teilpläne untersucht [*Mahlert*].

Damit ist die Problematik der Ermittlung der variablen Abschreibungen aber als reformuliert anzusehen: es werden nicht mehr stückkostenbezogene Entwertungen von Anlagen gesucht, sondern es wird die Frage nach den Produktgrenzkosten gestellt. Wir untersuchen nun die diesbezüglichen Ansätze in der neueren Literatur.

Für Mahlert sind grundsätzlich als Abschreibungen „die auf den Planungszeitpunkt abgezinsten Änderungen der späteren Einzahlungsüberschüsse anzusetzen" [*Mahlert*, S. 163]. Swoboda gibt ebenfalls eine investitionstheoretische Definition der Abschreibungen ausgehend vom Wert einer Anlage für die Anteilseigner [*Swoboda*, 1979]:

„Aus investitionstheoretischer Sicht ergibt sich der Wert einer Anlage zu einem bestimmten Zeitpunkt aus dem maximalen Preis, den man für eine Anlage zahlen würde, um indifferent zu sein zwischen dem Kauf einer Neuanlage und dem Erwerb der zu bewertenden Anlage. Als Gesamtabschreibung während einer Periode wird die Minderung dieses Wertes während der betreffenden Periode bezeichnet; bei infinitesimaler Betrachtung ist die Gesamtabschreibung die (negativ gesetzte) erste Ableitung des Anlagenwertes nach der Zeit. Die variable Abschreibung je Produkteinheit ergibt sich aus der zusätzlichen Entwertung, die eine Anlage durch die zusätzliche Produktion einer Produkteinheit erfährt; bei infinitesimaler Betrachtung ist die variable Abschreibung die (negativ gesetzte) erste Ableitung des Anlagenwertes nach der Produktmenge."

Wenn nun die Erhöhung der Produktion in einer Periode eine Verkürzung der Nutzungsdauer bewirkt, ergeben sich bei Swoboda Wertminderungen für die Anlage als Folge der Vorverlegung aller künftigen Auszahlungen einer Investitionskette unter Berücksichtigung der Auszahlungen für die Anlage über den Zeitraum, um den die Anlage früher ersetzt werden muß. Die Nutzungsdauerverkürzung wird auch hier aufgrund der Modellannahme von kontinuierlich steigenden variablen Kosten je Stück erhalten und so kommt Swoboda zu dem Resultat, „daß produktionsmengenabhängige Auszahlungen (einschließlich Erlösminderungen) die entscheidenden Ursachen variabler Abschreibungen sind". Und weiter „Eine Abhängigkeit der Investitionsdauer und des Restwertes von der Produktionsmenge ist ebenfalls nur eine Folge produktionsmengenabhängiger Auszahlungen und daher keine Verursachung variabler Abschreibungskosten, wenn man von dem Fall absieht, daß die laufenden Auszahlungen konstant sind und das Aggregat nach einer bestimmten Produktionsmenge (irreparabel) zusammenbricht (z.B. Glühbirne)".

In der Theorie zur Kostenrechnung hat sich folgende von der Investitionstheorie inspirierte Ansicht über die Variabilität von Abschreibungen durchgesetzt, die auch die obigen Definitionen enthält, und von Swoboda wie folgt zusammengefaßt wird [*Swoboda*, 1978, S. 44]: Demnach liegen variable Abschreibungen vor „falls die optimale Nutzungsdauer und/oder der Restwert nach der optimalen Nutzungsdauer und/oder die durch das Aggregat verursachten zukünftigen Einzahlungen und Auszahlungen (Reparaturkosten) von der Intensität der Nutzung" in einer bestimmten Periode abhängen, kurz zu irgendwelchen Nachteilen in späteren Perioden führt. [Siehe dazu auch *Swoboda*, 1979; *Schneider*, 1961a, S. 25, 1961b, S. 702, 1975, S. 588ff.; *Luhmer*, 1975, S. 19ff.].

Wir betrachten im folgenden einzeln die einer Leistungsvariation zugeschriebenen Auswirkungen auf die Verursachung von Produktgrenzkosten („variable Abschreibungen") unter Berücksichtigung der Ergebnisse des vorangegangenen Abschnittes über investitionstheoretische Implikationen des Verschleißes (siehe Abschnitt III.1).

Eine Verkürzung der Nutzungsdauer bewirkt durch die Vorverlagerung der Kapitalwerte der Auszahlungen der nachfolgenden Investitionen einen Zinseffekt, der als Komponente den variablen Abschreibungen zugerechnet wird. Allerdings ist die Verkürzung der Nutzungsdauer nicht als zwingend anzusehen. Sie beruht ja im wesentlichen auf den Annahmen der Investitionsmodelle, die von kontinuierlich steigenden Instandhaltungsausgaben ausgehen. In Abschnitt III.1 wurde gezeigt, daß diese Annahme, falls die Leistungsvariation durch zeitliche Anpassung erfolgen kann, eigentlich keine Berechtigung hat, wenn revolvierend, entsprechend der Dauergebrauchsgenauigkeitsrestriktion, die Regeneration von Ersatzteilen erfolgt. Es kommt zu keiner kontinuierlichen Steigerung von Instandhaltungsausgaben an sich, sondern nur zu Häufungen an bestimmten Punkten der Zeitachse. Nach diesen Kumulationspunkten kommen wieder Intervalle, in denen Regenerationsausgaben weniger gehäuft auftreten. Ein durchschnittlich konstanter Ansatz von Instandhaltungskosten, abgeleitet aus der aggregierten monetären Instandhaltungsfunktion, scheint dann eher gerechtfertigt. Die Verkürzung der Nutzungsdauer aus dem Titel steigende Instandhaltungskosten ist damit nicht mehr evident.

Ähnliches gilt auch für den Ansatz steigender Betriebskosten oder Ausschußkosten in Nachfolgeperioden infolge einer erhöhten Intensität der Nutzung in der vorangegangenen Periode. Bei den durch das Qualitätskriterium Dauergebrauchsgenauigkeit hervorgerufenen Regenerationen wird ja nicht nur der Verschleißfaktor regeneriert, und damit die Ausschußkosten gesenkt, sondern auch der Wirkungsgrad der Anlage partiell verbessert, wodurch die vom regenerierten Faktor beeinflußten Mengen an Repetierfaktoren wieder herabgesetzt werden. Auch hier zeigt sich, daß bei einer Anlage mit regelmäßigen Regenerationen der Ansatz von durchschnittlichen Betriebskosten, die nicht kontinuierlich über die Zeitachse steigen, gerechtfertigter erscheint.

Eine Minderung des Restwertes als variable Abschreibung anzusehen, ist ebenfalls problematisch. Restwert und Erwartungswert der Regenerationskosten ergänzen einander zu einem annähernd konstanten Wert. Die Abnahme des Restwertes ist daher in den erwarteten Regenerationskosten bereits antizipiert bzw. über die Instandhaltungsfunktion weiterverrechnet. Auch wird häufig übersehen, daß der Restwert nach durchgeführten Regenerationen ja durchaus steigende Tendenzen aufweisen kann und wird. Bei einer konsequenten Einbeziehung des Restwertes, genauer der Restwertveränderung, wäre auch fallweise mit einer negativen Komponente bei der Ermittlung von variablen Abschreibungen zu rechnen.

Wir haben festgestellt, daß bei zeitlicher Anpassung im Leistungsbereich, also ohne wesentliche Variation der Intensität der Nutzung, mit keiner zwingenden Verkürzung der Nutzungsdauer zu rechnen ist. Wird jedoch eine ständige intensitätsmäßige Anpassung erforderlich, wird also dauernd jenseits der optimalen Intensität produziert, kann es durch die dadurch gegebene Veränderung der langfristigen Kostenkurve zu einem vorzeitigen Ersatz kommen. Dieser Einfluß wird in Abbildung 1 transparent. Wir gehen dabei vereinfacht von linearen Kostenverläufen aus. Eine ständig notwendige intensitätsmäßige Anpassung kann als Kapazitätsproblem gedeutet werden und ist einer Kapazitätsaufstockung äquivalent. Alternativ wäre diese Kapazitätsaufstockung durch Ersatz mittels einer technisch fortgeschrittenen Anlage, die durch niedrigere variable Kosten bei vergleichbaren Intensitäten und höheren Anschaffungskosten gekennzeichnet sein möge, bewältigbar. Durch das Abweichen von der optimalen Intensität an der installierten Anlage wird nun der Schnittpunkt mit dem bei optimaler Intensität des Ersatzkandidaten gegebenen Kostenverlauf bereits bei einem niedrigeren maschinenspezifischen Output erreicht werden (Punkt *B*) als bei Nutzung der installierten Anlage mit optimaler Intensität (Punkt *A*).

Ganz ähnlich verhält es sich auch bei einer Begegnung der Kapazitätsausweitung durch quantitative Anpassung, also wenn ein weiteres Aggregat des gleichen Typs beschafft werden kann. Es ist dann in der Investitionsrechnung zu untersuchen, ob durch den Betrieb eines zusätzlichen Aggregates, das die Nutzung aller dann investierten Ag-

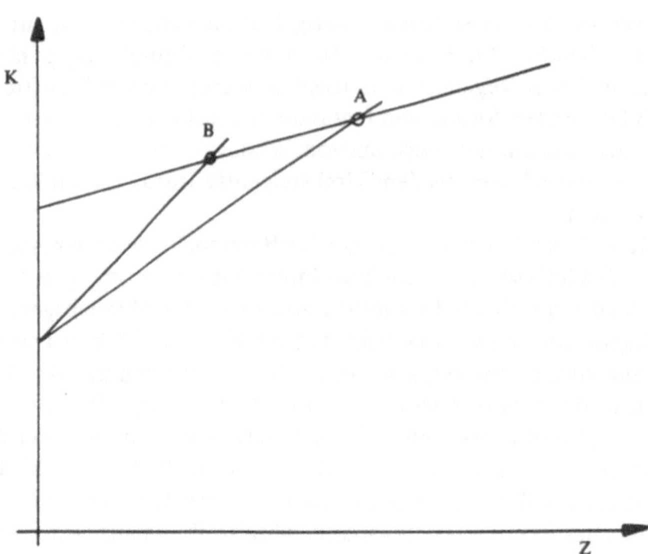

Abb. 1: Anlagenersatz als Funktion langfristiger intensitätsmäßiger Anpassung

gregate bei optimaler Intensität ermöglicht, der Kapitalwert des investierten Maschinenkollektivs erhöht wird.

Wenn aber im Rahmen der langfristigen Kapazitätsplanung entschieden wird, die Nutzung einer Anlage zu beenden und sie durch eine neue Anlage zu ersetzen, so hat dies keinen Einfluß auf die Ermittlung von variablen Abschreibungen im Sinne von Produktgrenzkosten.

Mit diesen Erörterungen verlassen wir jedoch bereits den Themenkreis der Ermittlung variabler Abschreibungen und fragen nach dem optimalen Pfad für das Kapazitätswachstum.

Das Problem, das zu lösen bleibt, ist die Ermittlung der Produktgrenzkosten bei kurzfristiger Variation der Intensität der Inanspruchnahme. Bei einer derartigen Variation wird zunächst die Instandhaltungspolitik zu überprüfen sein, und ob sich daraus Auswirkungen auf die Kosten der Ersatzpolitik für Verschleißteile bzw. für die ganze Anlage ergeben. Diese Kosten sind die von Swoboda oben angesprochenen Kosten infolge der Vorverlegung von verschleißbedingten Zahlungsströmen. Ob allerdings auch die Berechtigung gegeben ist, von erhöhtem Betriebsmittelverbrauch und erhöhten Ausschußkosten auszugehen, wurde bereits oben und in Abschnitt III.1.1 bezweifelt. Soweit zu den an der Maschine erhebbaren Grenzkosten. Zur Quantifizierung jenes Teiles von Grenzkosten, der nun durch etwaig notwendige Abänderungen betrieblicher Teilpläne — des Absatzplanes infolge des verstärkten Outputs, des Finanzplanes wegen des erhöhten Kapitalbedarfs, falls nicht durch die Wahl des Zinsfußes bereits darauf Bedacht genommen werden konnte, — usw. — wird hier nicht Stellung genommen, sondern nochmals auf die Monographie von Mahlert verwiesen [*Mahlert*, S. 167ff.].

Jedenfalls scheint es angezeigt zu sein, auch bei kurzfristiger Variation der Intensität der Betriebsmittelnutzung zur Ermittlung der Grenzkosten von der Instandhal-

tungsfunktion auszugehen (siehe Anhang A6 und II.4.3), anstatt „variable Abschreibungen" aus Modellen mit schwer überprüfbaren Prämissen abzuleiten (siehe dazu
auch Abschnitt 2).

2. Der Einfluß der verschleißorientierten Betrachtung des maschinellen Produktionsprozesses auf die Kostenplanung

2.1 Die Verrechnung von Verschleißkosten

Konsequenzen aus einer verschleißorientierten Betrachtung des Maschineneinsatzes
ergeben sich für den Ansatz von variablen Abschreibungen und Instandhaltungskosten
sowie für die Bezugsgrößenwahl.

Für die variablen Abschreibungen insofern, als in Abschnitt 1 bereits festgestellt
wurde, daß bei vollständiger Erfassung aller Verschleißteile keine variablen Abschreibungen anzusetzen sind, und für die Instandhaltungskosten, daß der Verschleiß an Verschleißfaktoren explizit anzusetzen ist. Der explizite Ansatz der Verschleißkosten erfolgt, indem aus der monetären aggregierten Verschleißfaktorverbrauchsfunktion der
Kostenverlauf für die Instandhaltung bei geplanter Intensität der Nutzung über die
Planbeschäftigung abgeleitet wird. Die Kontrolle der Verschleißkosten wird aber in der
Regel nicht für die üblichen Kostenrechnungsperioden möglich sein, sondern nur über
längere Zeiträume, die etwa den Regenerationsintervallen entsprechen. Erleichtert
kann die Kontrolle der Verschleißkosten durch Rückgriff auf die disaggregierten Verschleißfaktorverbrauchsfunktionen werden. Allerdings ist bei der Kostenplanung und
Kostenkontrolle, ausgehend von den einzelnen monetären Verschleißfaktorverbrauchsfunktionen darauf zu achten, daß die geplante Intensität der Nutzung sich am Minimum der aggregierten monetären Verbrauchsfunktion zu orientieren hat und nicht an
den Optima der Einzelfunktionen.

Wesentlicher Aspekt der verschleißorientierten Betrachtung des Maschinenbetriebes
ist aber die Substitution des Ansatzes der variablen Abschreibungen durch die Regenerationskosten für Verschleißteile (siehe auch Abschnitt 1.1).

Letztere sind zwar auch bisher in den Instandhaltungs- bzw. Reparaturkosten erfaßt
worden [*Kilger*, 1977, S. 405ff.], doch stellt der Ansatz der variablen Abschreibungen
in der Plankostenrechnung, wie er etwa bei Kilger beschrieben wird [*Kilger*, 1977,
S. 401ff.], zumindest eine teilweise Doppelverrechnung der Verschleißfaktoren dar
(siehe auch Abschnitt 1). Zur Ermittlung des „monatlichen Planabschreibungsbetrages
des Gebrauchsverschleißes" wird der geplante „Wiederbeschaffungswert eines Betriebsmittels" durch die „insgesamt realisierbaren Bezugsgrößeneinheiten" aus der Nutzung
dieses Betriebsmittels dividiert und mit der geplanten monatlichen Durchschnittsbeschäftigung multipliziert. Damit geht — sofern die geplante Beschäftigung jenseits eines
kritischen Beschäftigungsgrades, ab dem der Gebrauchsverschleiß für die Abschreibungshöhe mitbestimmend ist, liegt — der Anschaffungswert der Anlage in die Berechnung der variablen Abschreibungen ein.

Und mit dem Anschaffungswert auch die „Erstausstattung" an Verschleißfaktoren,
für die in der Plankostenrechnung ohnedies Instandhaltungs- bzw. Reparaturkosten
verrechnet werden.

Je mehr Verschleißfaktoren einer Kapazitätseinheit durch Verschleißfaktorverbrauchsfunktionen erfaßt sind und eine konsequente Verrechnung bereits ab dem Beginn der Nutzung erfahren (siehe Abschnitt 1), desto leichter kann auf den Ansatz von variablen Abschreibungen verzichtet werden, die in den vorangegangenen Abschnitten ja als Äquivalent für nicht explizit erfaßte Regenerationskosten interpretiert werden konnten.

2.2 Der maschinenspezifische Output als Bezugsgröße der Kostenplanung

Bezüglich der Bezugsgrößenwahl für die Planung der Kosten einer Kapazitätseinheit ist folgendes zu sagen.

In dieser Arbeit wurde der Begriff des maschinenspezifischen Outputs eingeführt, da der maschinenspezifische Output als unabhängige Variable zur Abbildung des Verschleißprozesses aus betriebswirtschaftlicher Sicht besonders geeignet ist. Diese besondere Eignung ist in seiner Stellung zwischen technisch-physikalischer und ökonomischer Maßgröße der Maschinennutzung begründet. Einmal können über die Aktionsparameter der Maschinenbedienung daraus die Belastungen der Maschine im technischen Sinn abgeleitet werden, und damit die Verschleißprozesse beschrieben werden, und zum anderen sind eindeutige Beziehungen über die Werkstückgestalt (Werkstückgeometrie) zum ökonomischen Output, zur Stückzahl, gegeben.

Es liegt daher nahe, den maschinenspezifischen Output auch als Bezugsgröße zu verwenden. Im folgenden sei dies kurz am Beispiel Werkzeugmaschine demonstriert. Bei spanenden Werkzeugmaschinen drängt sich als maschinenspezifischer Output geradezu das Spanvolumen und als Intensitätsmaß das Zeitspanvolumen (Spanvolumen je Zeiteinheit) auf. Über die Einstellparameter Schnittgeschwindigkeit, Vorschub und Schnittiefe, die das Zeitspanvolumen beschreiben, kann wie in den Abschnitten von II.3 und im Anhang eine Abbildung des Verschleißprozesses als Basis für die Ermittlung der optimalen Regenerations- und Wartungskosten hergeleitet werden. Aus der Werkstückgeometrie ergibt sich andererseits das pro Werkstück zu zerspanende Volumen. Geht man nun von der optimalen Intensität der Kapazitätseinheit — also dem kostenminimalen Zeitspanvolumen — aus, so erhält man nach Division des Zeitspanvolumens durch das Spanvolumen je Werkstück die optimale Intensität der Betriebsmittelnutzung in der Maßgröße Stück je Zeiteinheit, und damit die Stückzahl je Schicht oder Planperiode bei optimaler Intensität.

Liegt eine Zeitrestriktion für den Auftrag vor, so wird aus der dann gegebenen Produktionsgeschwindigkeit Stück/Zeiteinheit nach Multiplikation mit dem Spanvolumen je Stück die Mindestintensität für die Betriebsmittelnutzung erhalten. Die sich daraus ergebenden Konsequenzen für die Planung der Regenerationskosten und die Wartungskosten können dann aus der aggregierten monetären Instandhaltungsfunktion abgelesen werden. Die Ermittlung des Spanvolumens je Werkstück stellt, und auch das sei hier noch erwähnt, keine Mehrbelastung des Fertigungsbereiches dar. In vielen Unternehmungen wird das Spanvolumen bereits routinemäßig in der Arbeitsvorbereitung ermittelt, da es für die Zeitplanung (Terminplanung) oder für Zeitvorgaben (Refa) als bekannt vorauszusehen ist. Die bisher in der Literatur beschriebenen Bezugsgrößen waren im wesentlichen Zeiteinheiten [siehe beispielsweise *Kilger*, 1977, S. 405, S. 407]. Es wurde dabei von einer Schätzung der gebrauchsverschleißabhängigen Nutzungsdauer und einer Schätzung der durchschnittlichen Auslastung pro Jahr ausgegangen. Die Beziehungen zwischen Instandhaltung und Intensität der Nutzung werden zwar erwähnt, können aber nicht berücksichtigt werden. Die Auswirkungen von Intensitätsvariationen auf variable Abschreibungen konnten nur verbal berücksichtigt werden und nicht quantitativ.

Auch die Planung des Repetierfaktoreinsatzes mittels der Bezugsgröße maschinenspezifischer Output ist nicht nur möglich, sondern kann ebenso Vorteile bringen.

Verbrauchsfunktionen für Energie, Kühlmittel, etc. können in Abhängigkeit vom Zeitspanvolumen ein für allemal leicht tabelliert werden, die Umrechnung auf den Verbrauch pro Stück muß für die Kostenplanung nicht mehr erfolgen, bzw. bereitet keine Schwierigkeiten, falls sie — etwa zur Ermittlung von Preisuntergrenzen oder Stückkostenrechnungen auf Plankostenbasis — notwendig werden sollten.

Anhang: Verschleißfaktorverbrauchsfunktionen am Beispiel Werkzeugmaschine

Werkzeugmaschinen dürften wohl die am verbreitesten Potentialfaktoren sein und werden auch dementsprechend oft bei der Diskussion um den Potentialfaktor in der Produktionstheorie als Beispiel herangezogen. Dies allein war jedoch kein hinreichender Grund, hier auf Werkzeugmaschinen abzustellen: Wesentlich war vor allem, daß der Komplex Werkzeugmaschine auch für Techniker in einer sehr umfassenden Weise Gegenstand von Optimierungsüberlegungen ist, die betriebswirtschaftliche Fragestellungen berühren (siehe A2), und daß für die im System Werkzeugmaschine enthaltenen Verschleißteile zum Teil bereits befriedigende tribologische Forschungsergebnisse vorliegen.

Allerdings sei nicht verhehlt, daß der Versuch, Verschleißfaktorverbrauchsfunktionen darzustellen, noch viele Probleme aufwirft. Dazu gehören beispielsweise die Annahmen über den Einfluß von Leistungsvariationen, die zwar plausibel sind, aber empirisch noch nicht befriedigend abgesichert sind. Auch auf die Vernachlässigung des Einflusses der Temperatur auf das Verschleißverhalten sei in diesem Zusammenhang noch verwiesen. Eine Einbeziehung aller Einflußfaktoren des Verschleißes scheint zwar theoretisch möglich zu sein (siehe jeweils *Pressmars* [1971, S. 120ff.] und *Heinens* [1978, S. 225ff.] Erweiterung der z-Situation *Gutenbergs* [1971, S. 229ff.]), aber praktisch kaum sinnvoll. In der Regel wird der Aufwand für Datenbeschaffung und Einbindung weiterer Einflußgrößen in das Erklärungsmodell des Verschleißprozesses so groß, daß dies in keinem Verhältnis zum Informationsgewinn über den prognostizierbaren Verschleißverlauf steht.

A1 Aufbau, Aktionsparameter und maschinenspezifischer Output einer Drehmaschine

Hier wird, um teilweise auch Zahlenbeispiele geben zu können, auf Drehmaschinen abgestellt. Anhand der Abbildung 1 seien kurz die wichtigsten Bauteile und ihre Funktionen erläutert.

Das Bett oder Gestell dient zur Aufnahme des Spindelstockes, des Hauptantriebes und der Servoantriebe (z.B. Vorschubantriebe) und bildet den Grundkörper, auf dem die Führungen für den Werkzeugschlitten und den Reitstock aufgearbeitet sind. Im Spindelstock befinden sich diverse Getriebe, über die die Hauptspindel, die aus dem Spindelstock herausragt und mit einer Vorrichtung zur Werkstückaufnahme versehen ist, angetrieben wird.

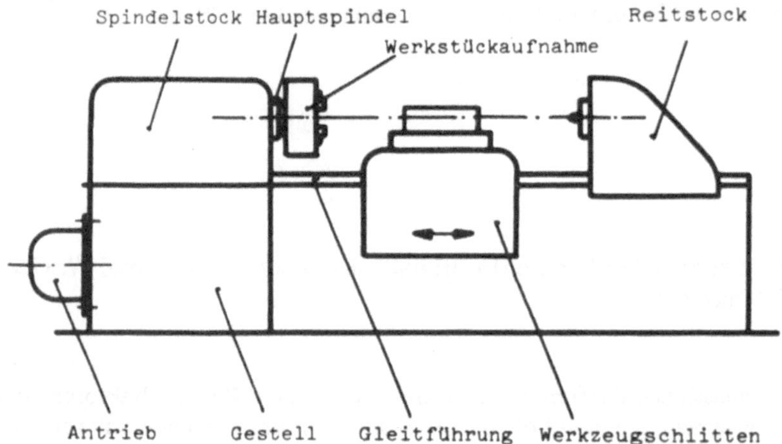

Abb. 1: Prinzipskizze Drehmaschine

Als maschinenspezifischer Output bietet sich das Zeitspanvolumen V_Z an, mithin das Volumen an Metall, welches zur Erfüllung einer Produktionsaufgabe je Zeiteinheit zerspant werden muß. Das Zeitspanvolumen kann aus den Aktionsparametern der Maschinenbedienung abgeleitet werden. Als Aktionsparameter der Maschinenbedienung bezeichnen wir die Schnittgeschwindigkeit und den Vorschub. Die Schnittgeschwindigkeit v ist die am Drehkreis des Werkstückes gemessene Umfangsgeschwindigkeit und hängt bei gegebenem Durchmesser d von der Drehzahl n der Hauptspindel ab:

$$v = d\pi n \qquad (\text{m/min}) \tag{1}$$

d = Drehkreisdurchmesser in m
n = Umdrehungen der Hauptspindel pro Minute.

Der Vorschub s wird in mm/Umdrehung angegeben und gibt an, welche Strecke das Werkzeug während einer Spindelumdrehung längs der Drehkontur zurücklegt. Je nach den aus der Werkstückgeometrie gegebenen Erfordernissen ist sowohl ein Längs- oder Quervorschub möglich (Längsdrehen und Plandrehen). Für unsere Betrachtungen genügt es, wenn wir uns auf das Längsdrehen von zylindrischen Werkstücken konzentrieren.

Als letzte Bestimmungsgröße für die Ermittlung des Zeitspanvolumens müssen wir noch die zu wählende Schnittiefe betrachten. Da die Schnittiefe sehr oft von der aktuellen Werkstückgeometrie oder von der verlangten Oberflächengüte abhängt, ist ihre Parametrisierung für die Analyse des Zerspanprozesses nur in Einzelfällen möglich. Der Einfluß, der von der Wahl der Schnittiefe a auf den Verschleiß, vor allem auf den Werkzeugverschleiß, ausgeht, ist jedoch, wie Verschleißuntersuchungen an Werkzeugen zeigen, weitgehend vernachlässigbar [*Spur*, S. 269].

Wir gehen daher in unserer Analyse von einer konstanten Schnittiefe a (mm) aus. Gegebenenfalls ist die maximal verfügbare Maschinenleistung als ein Kriterium für die höchst zulässige Schnittiefe zu beachten.

Das pro Zeiteinheit zerspante Volumen ergibt sich nun aus

$$V_Z = v \cdot s \cdot a \cdot 1000 \quad (\text{mm}^3/\text{min}). \tag{2}$$

Die zur Quantifizierung des Verschleißes notwendigen kräftemäßigen Belastungen und die Zerspanleistung sind ebenfalls in Abhängigkeit von den Aktionsparametern der Maschinenbedienung darstellbar.

Die beim Zerspanvorgang auftretenden Schnittkräfte (F_S) hängen vom Vorschub s, der Schnittiefe a und von einem Werkstoffkennwert für das zu bearbeitende Material des Werkstückes, k_S, der spezifischen Schnittkraft (kp/mm^2), ab.

$$F_S = a \cdot s \cdot k_S \quad (\text{kp}). \tag{3}$$

Der Werkstoffkennwert k_S ist eine schwach monoton fallende Funktion der Schnittgeschwindigkeit, kann aber in den relevanten Bereichen durchaus als konstant angesehen werden [*Sass/Bouché/Leitner*, S. 590].

Als notwendige Leistung für die Zerspanung erhält man aus dem Produkt von Schnittgeschwindigkeit und Schnittkraft

$$P_Z = vF_S \quad (\text{kpm/min}). \tag{4}$$

Setzen wir für F_S in Gleichung (4) ein, erhalten wir unter Beachtung von Gleichung (2) für die Schnittleistung

$$P_Z = v \cdot s \cdot a \cdot k_S = V_Z k_S \quad (\text{kpm/min}) \tag{5}$$

oder in Kilowatt ausgedrückt

$$P_Z = V_Z k_S/6120 \quad (\text{KW}). \tag{6}$$

Diese Zusammenhänge zwischen maschinenspezifischem Output und Maschinenleistung ermöglichen später die Überleitung zu der bei der Beschreibung des Verschleißprozesses verwendeten Leistungsvariablen z.

A2 Auswahl relevanter Verschleißsysteme

Als Kriterium für die technische Nutzbarkeit einer Präzisionsdrehmaschine kann die Dauergebrauchsgenauigkeit angesehen werden. Solange auf einer Anlage Produktionsaufgaben, für die die Anlage konzipiert wurde, mit der gestellten Genauigkeit erfüllt werden können, ist ihre Brauchbarkeit für den Produktionsprozeß gegeben. Trotz geeigneter Wartungsmaßnahmen wird durch den Verschleiß einzelner Bauteile diese Dauergebrauchsgenauigkeit nach einer bestimmten Zeit (Standzeit) nicht mehr gegeben sein.

Spur folgend, kann hinsichtlich des Verschleißes des Systems Werkzeugmaschine nach zwei Wirkkomplexen differenziert werden [*Spur*, S. 132f.]:

„1. Der Verschleiß der Bauelemente, der langfristig die Arbeitsgenauigkeit und Funktionsfähigkeit vermindert, und

2. der Werkzeugverschleiß, der kurzfristig zur Veränderung der Schneidkeilgeometrie führen kann und nach Erreichen eines vorgeschriebenen Verschleißkriteriums ein Auswechseln des Werkzeuges erforderlich macht."

Und weiter, nach der Art der Wirkstellen des Verschleißes differenziert Spur das System Werkzeugmaschine

„1. Lager
2. Führungen
3. Anschläge, Kurven, Nocken, Schalter
4. Bewegungsgewinde
5. Spannmittel
6. Kupplungen und Bremsen
7. Zahnräder
8. Riemen und Ketten."

Neben dem Werkzeugverschleiß wird die größte Bedeutung für die Arbeitsgenauigkeit dem Lagerverschleiß der Hauptspindel (heute zumeist wälzgelagert) und dem Verschleiß der Führungsbahnen zugemessen [*Spur*, S. 133].

Welche Bedeutung dem Werkzeugverschleiß zukommt, kann daran erkannt werden, daß alle Systeme zur Optimierung der Nutzung von Werkzeugmaschinen, ausgehend von Standzeituntersuchungen an Werkzeugen auf die optimale Wahl von Schnittgeschwindigkeit und Vorschub, konzentriert sind (siehe dazu die Literatur in Abschnitt A3).

Aus betriebswirtschaftlicher Sicht weisen diese Modelle jedoch Mängel auf, die eine Einbeziehung in die Produktionstheorie unmöglich machen. Hauptkritikpunkte sind dabei die Ausrichtung an Vollkosten, die fehlende Berücksichtigung von Repetierfaktorverbrauchsfunktionen und die Orientierung an nur einem Verschleißsystem, dem Werkzeug.

Ziel dieser Ansätze ist die Minimierung der durchschnittlichen Vollkosten je Outputeinheit [*Spur*, S. 53ff., 271ff.], wobei von nicht näher analysierten Maschinenstundensätzen ausgegangen wird und keinerlei Bezug auf Variabilität oder Fragen der Auslastung genommen wird.

In den folgenden Abschnitten werden wir uns daher nur auf die in diesen Modellen beschriebenen Werkzeugverschleißprozesse zur Quantifizierung der Standzeit beziehen, um Verbrauchsfunktionen für den Werkzeugeinsatz abzuleiten.

Dem Verschleiß an den Wirkstellen Hauptspindellagerung und Führungsbahnen kommt nicht nur unter dem produktionstechnischen Aspekt der Arbeitsgenauigkeit, sondern auch aus einzelwirtschaftlicher Sicht größte Bedeutung zu: Wird das zulässige Verschleißausmaß an diesen Wirkstellen überschritten, so werden umfassende Instandhaltungsmaßnahmen (Generalreparaturen, Überholungen) notwendig. Da derartige Großreparaturen bereits den Charakter von (partiellen) Ersatzinvestitionen haben und entsprechend kostenintensiv sind, wird aus diesem Anlaß oft der Ersatz der gesamten Anlage zur Debatte gestellt.

Im weiteren Gang der Untersuchung werden die Verschleißfaktorverbrauchsfunktionen von Drehmeißel, Führungsbahn und Wälzlagern (Hauptspindellagern) exemplarisch untersucht. Es wird dabei die Auffassung vertreten, daß für einen brauchbaren Ansatz durchaus nicht alle Verschleißsysteme einer Werkzeugmaschine einbezogen werden müssen, sondern eine Konzentration auf wenige wesentliche Bauteile — wesentlich was die Instandhaltungskosten wartender und regenerativer Art betrifft — bereits ausreichend sein kann. Die hier getroffene Auswahl könnte u.E. bereits ein Minimum der einzubeziehenden Tribosysteme für die Bestimmungen einer praxisrelevanten aggregierten Verbrauchsfunktion für den Potentialfaktor Drehmaschine darstellen.

A3 Verschleißfaktor Schneidwerkzeuge (Drehmeißel)

Grundsätzlich ist auch das Schneidwerkzeug als Potentialfaktorkomponente, und zwar als Verschleißfaktor zu betrachten. Zur Quantifizierung des Verschleißpotentials eines Schneidwerkzeuges wird von Standzeitgleichungen ausgegangen. Unter Standzeit versteht man jene Zeitspanne, die die Schneide eines Schneidwerkzeuges bei gegebener Schnittleistung dem Zerspanungsprozeß ohne Regeneration standhalten kann.

Standzeituntersuchungen an Schnittwerkzeugen haben bereits sehr früh eingesetzt. Eine erste Standzeitgleichung stammt von F.W. Taylor [*Spur*, S. 242] und beschreibt den exponentiellen Zusammenhang zwischen Schnittgeschwindigkeit und verfügbarer Schnittzeit einer Schneide. Die von Taylor mit Hilfe dieser Standzeitgleichung durchgeführte Optimierung der Schnittgeschwindigkeit war lange Zeit verbindlicher Standard für fortschrittliche Betriebsingenieure. Manko dieser empirisch gefundenen Standzeitgleichung ist, daß Vorschub, Schnittiefe, Einstellwinkel, etc. nicht zur Erklärung der Schneidenlebensdauer herangezogen werden.

Damit wird nur für einen Bereich relativ niederer Schnittgeschwindigkeiten eine zufriedenstellende Erklärung der empirisch feststellbaren Standzeit gegeben. Einen Überblick über die in der zweiten Hälfte dieses Jahrhunderts einsetzende Entwicklung auf diesem Sektor gibt *Spur* [1972, S. 267]. In neuerer Zeit ist es vor allem Depiereux gelungen, ein empirisch gut bestätigtes Standzeitmodell zu entwickeln, das Vorschub und Schnittgeschwindigkeit als erklärende Aktionsparameter für die Standzeit enthält [*Depiereux; König/Depiereux*]. Wir bedienen uns zur Ermittlung der Verbrauchsfunktion für Werkzeuge dieser Standzeitgleichung:

$$T = e^{(-k_v v^m/m - i_s s^v/v + c)}.$$ (7)

Darin bedeuten:

T = Standzeit der Schneide (min)

v = Schnittgeschwindigkeit (m/min)

s = Vorschub (mm/Umdrehungen)

k_v, i_s, m, v und c sind von v und s unabhängig und bei gegebener Schneidstoff-Werkstoffpaarung, Schneidengeometrie, Schnittiefe und Schneidflüssigkeit Konstante.

Als Wartung, die dem Werkzeugverschleiß entgegenwirkt, kann die Zufuhr von Kühlmittel angesehen werden. Diese Wartungsaktivität wird hier aber nicht als Variable bei der Beschreibung des Werkzeugverschleißes einbezogen, da sie dem Umfang nach zumeist wegen anderer Faktoren, wie Wärmeabfuhr an der Schnittstelle und Spantransport, festgelegt wird und daher kaum variiert werden kann.

Allen Standzeitmodellen für Werkzeugschneiden gemeinsam ist, daß T für ein bestimmtes Verschleißkriterium gemessen wird. Bei Erreichen eines bestimmten Wertes für die Verschleißmarkenbreite, den Kolkverschleiß oder bei Übergreifen der Nebenschneidenoxydation auf den aktiven Schneidenteil, wie beim Depiereux'schen Modell, ist die Schneide objektiv verbraucht und muß regeneriert werden.

Da T nun (ein Ersatz-)Maß für einen quantitativ nachweisbaren und meßbaren Verschleißprozeß [*Depiereux; Spur*, S. 136] ist, kann der Kennwert $1/T$ als Maß für die beim Arbeitsvorgang angegebenen Verschleißeinheiten pro Zeiteinheit herangezogen werden. Ob nun $1/T$ die Abriebgeschwindigkeit (Verschleißmarkenbreite, Kolkverschleiß) oder die Oxydationsgeschwindigkeit entlang der Nebenschneiden ist, ist bei gegebenem Verschleißkriterium (maximal erlaubter Abrieb in mm oder Entfernung der Oxydation von der aktiven Schneide in mm) für unsere Untersuchung nicht von Bedeutung. Für die folgenden Ableitungen kann daher auch jedes andere Standzeitmodell als das Depiereux'sche gewählt werden, soferne es auf Verschleißmessungen basiert.

Die Faktoreinsatzfunktion für den materiellen Einsatz von Werkzeugschneiden (Index *W*) lautet damit

$$1/T = e^{(k_v v^m/m + i_s s^v/v - c)}.$$ (8)

Die folgende Abbildung zeigt Linien gleicher Werkzeugverschleißgeschwindigkeit in Abhängigkeit von den Aktionsparametern Schnittgeschwindigkeit v und Vorschub s. Die Berechnung dieser Kurven erfolgt mit Werkzeug- und Werkstoffdaten von König/Depiereux für verschiedene Werte von T bzw. $1/T$ [*König/Depiereux*]. Für die Schneidstoff-Werkstoffpaarung HM P 15-Cm55N wurden für $k_v = 2,34 \cdot 10^{-5}$; $i_s = 5,91$; $m = 2,5$; $v = 1,43$; $c = 7,16$ bei einer Schnittiefe von $a = 3$ mm ermittelt.

Aus

$$1/T = e^{(2,34 \cdot 10^{-5} v^{2,5}/2,5 - 5,91 s^{1,43}/1,43 + 7,16)}$$ (9)

erhalten wir

$$v = ((7{,}16 - \ln T - 4{,}13287\, s^{1{,}43})/0{,}936 \cdot 10^{-5})^{0{,}4} \tag{10}$$

In Bild 2 sind die parametrisch von T abhängigen Linien gleichen Schneidenverschleißes dargestellt.

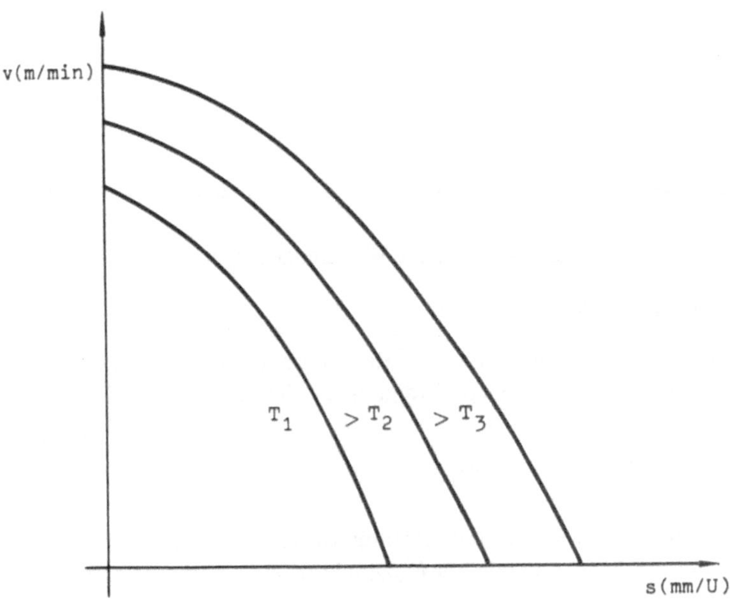

Abb. 2: Linien gleichen Schneidenverschleißes

Als Kosten für den Werkzeugverzehr sind neben den Anschaffungskosten auch noch die (variablen) Kosten für die Regeneration (Nachschärfen) anzusetzen. Bezeichnet man die Werkzeuganschaffungskosten mit K_{WA} und geht man davon aus, daß n mal, jeweils zu Kosten von K_{WN} nachgeschärft werden kann, erhält man Gesamtkosten von

$$K_{WG} = K_{WA} + nK_{WN} . \tag{11}$$

Dabei ist – durchaus realistisch – angenommen, daß die Nachschärfkosten nicht von v und s abhängen. Unterstellt man ferner, daß das Werkzeug nach jeder Regeneration genauso leistungsfähig ist wie im Neuzustand, so können diese Kosten für $n + 1$ Standzeiten linear proportionalisiert werden, ohne daß Zurechnungsprobleme besonderer Art auftreten.

Der tatsächliche Verlauf des Verschleißprozesses ist nicht linear, sondern eher kubisch-parabolisch [siehe Abb. 3 nach *Spur*, S. 141]. Dennoch ist die Proportionalisierung nach der Standzeit zulässig, da nicht der wirkliche Schneidenzustand interessiert, sondern nur wie lange die Schneide bei bestimmten v und s noch dem Schneidprozeß standhält.

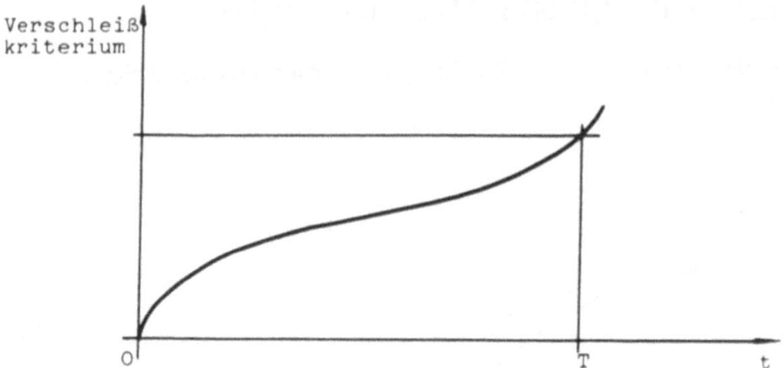

Abb. 3: Qualitative Abhängigkeit des Verschleißes von der Schnittzeit

Pro Standzeit entfallen dann auf direkte Werkzeugkosten

$$K_{WGT} = (K_{WA} + nK_{WN})/(n + 1).$$ (12)

Den durchschnittlichen Kosteneinsatz je Zeiteinheit bei der Nutzung einer Schneide erhält man, wenn die Verschleißgeschwindigkeit der Schneide $1/T$ mit den Kosten je Schneide, K_{WGT}, multipliziert wird.

$$K_{WGT}/T = K_{WGT}\, e^{(k_v v^m /m + i_s s^v /v\text{-}c)}.$$ (13)

Die Isokostenlinien für den Schneidenverschleiß haben damit dieselbe Form wie die Isoverschleißlinien für eine Schneide, da K_{WGT} konstant ist und nur die Ordinatenwerte beeinflußt.

Trägt man in ein Diagramm mit den Isokostenlinien des Schneidenverschleißes noch den maschinenspezifischen Output V_Z (mm³/min) ein, der auch als Produktionsgeschwindigkeit aufgefaßt werden kann und wegen

$$V_Z = avs \cdot 1000$$ (14)

mit

a = Schnittiefe, konstant (mm)
v = Schnittgeschwindigkeit (m/min)
s = Vorschub (mm/Umdrehung)

Hyperbeln als Kurven gleicher Produktionsgeschwindigkeit aufweist, ergibt sich folgendes Bild (Abb. 4).

Je näher eine Isokostenkurve beim Ursprung liegt, desto geringer sind die Kosten des Schneideneinsatzes, da bei sinkendem s und v die Standzeit der Schneide länger wird. Die Linien gleicher Produktionsgeschwindigkeit sind, je höher die Produktionsgeschwindigkeit ist, weiter vom Ursprung entfernt. Um nun eine gestellte Produktionsaufgabe bei gegebener Produktionsgeschwindigkeit mit der Maßgabe der Kostenminimierung aus dem Werkzeugverschleiß zu erfüllen, müssen jene Einstellwerte v und s gewählt werden, die zugleich Koordinaten des Berührungspunktes zwischen der vorgege-

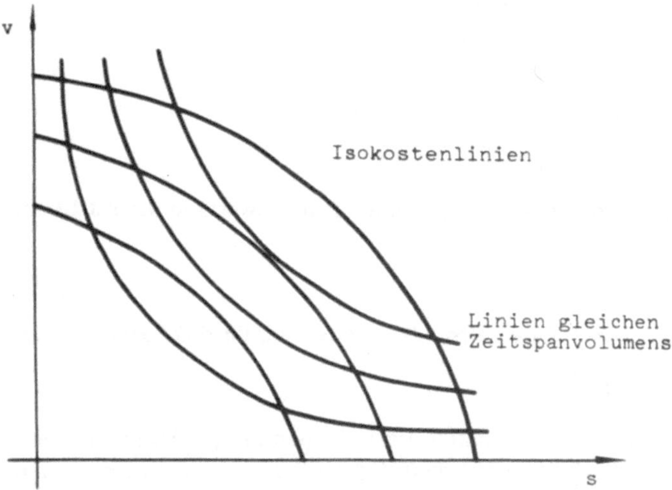

Abb. 4: Isokostenlinien und Isoquanten für den maschinenspezifischen Output

benen Linie gleicher Produktionsgeschwindigkeit mit der gerade noch erreichbaren Isokostenlinie sind.

In Fortführung unseres Beispiels erhalten wir den folgenden Optimierungsansatz:

$$\text{Min: } K_{WGT}/T = K_{WGT} \cdot e^{(k_v v^m/m + i_s s^v/v - c)} \tag{15}$$

unter der Nebenbedingung

$$V_Z = 1000\, a \cdot v \cdot s.$$

Zur Lösung wird die Lagrangegleichung

$$L = K_{WGT} \cdot e^{(k_v v^m/m + i_s s^v/v - c)} + \lambda\,(V_Z - 1000\,avs) \tag{16}$$

nach s, v und λ differenziert und die Ableitungen jeweils gleich Null gesetzt. Wir erhalten

$$\frac{\partial L}{\partial v} = K_{WGT}\, k_v\, v^{m-1}\, e^{(k_v v^m/m + i_s s^v/v - c)} - 1000\,as\lambda = 0 \tag{17}$$

$$\frac{\partial L}{\partial s} = K_{WGT}\, i_s\, s^{v-1}\, e^{(k_v v^m/m + i_s s^v/v - c)} - 1000\,av\lambda = 0 \tag{18}$$

$$\frac{\partial L}{\partial \lambda} = V_Z - 1000\,avs = 0. \tag{19}$$

Als Kriterium für das Erreichen des Extremwertes wird erhalten, daß die Grenzkosten der Schnittgeschwindigkeit gleich den Grenzkosten des Vorschubes im Optimum sein müssen:

$$\lambda = \frac{K_{WGT}\, k_v\, v^{m-1}\, e^{(k_v v^m/m + i_s s^v/v - c)}}{1000\, as} =$$

$$= \frac{K_{WGT}\, i_s\, s^{v-1}\, e^{(k_v v^m/m + i_s s^v/v - c)}}{1000\, av} \,. \tag{20}$$

Wir erhalten daraus den Pfad der optimalen Einstellwerte in der v-s-Ebene (Expansionspfad):

$$v = (i_s/k_v)^{1/m} \cdot s^{v/m}. \tag{21}$$

In Fortführung unseres Zahlenbeispiels erhalten wir für den Expansionspfad

$$v = 144{,}86 \cdot s^{0,572}. \tag{22}$$

Die Koordinaten des Schnittpunktes dieses Expansionspfades mit der jeweils relevanten Linie gleicher Produktionsgeschwindigkeit liefern dann die optimalen Einstellwerte für v und s.

Soll beispielsweise eine gestellte Produktionsaufgabe mit der Zerspangeschwindigkeit V_Z von $2 \cdot 10^5$ mm^3/min bewältigt werden, wenn die Schnittiefe $a = 3$ mm beträgt, berechnet man die kostenminimalen Einstellwerte, indem man die Gleichung für den Expansionspfad (21) in die Gleichung für die Produktionsgeschwindigkeit (14) einsetzt.

$$V_Z = 1000\, a \cdot v \cdot s = 1000\, a \left(\frac{i_s}{k_v}\right)^{1/m} s^{(v+m)/m} = 1000\, a\; 144{,}86\; s^{1,572} \tag{23}$$

$$s = \left(\frac{V_Z}{1000\, a} \left(\frac{i_s}{k_v}\right)^{-1/m}\right)^{m/(v+m)}$$

$$s = \left(\frac{200}{3 \cdot 144{,}86}\right)^{1/1,572} = 0{,}61 \;\text{(mm/U)} \tag{24}$$

$$v = 144{,}86 \cdot 0{,}61^{0,572} = 109{,}22 \;\text{(m/min)}. \tag{25}$$

Die Standzeit T der Schneide bei optimalen Schnittbedingungen erhält man durch Einsetzen von v und s in die Standzeitgleichung (7)

$$T = e^{-2,34 \cdot 10^{-5} v^{2,5}/2,5 - 5,91 s^{1,43}/1,43 + 7,16} \tag{26}$$

$$T = 52{,}18 \;\text{min.}$$

Die Ergebnisse des Zahlenbeispiels sind in Abbildung 5 zusammengefaßt.

Die Standzeitgleichung bzw. die Funktion für die Verschleißgeschwindigkeit der Schneiden kann nun in die aus der Produktionstheorie seit Gutenberg bekannte Verbrauchsfunktion übergeführt werden. Die Anzahl der für die Erfüllung einer bestimmten Produktionsaufgabe notwendigen Werkzeugschneiden je zerspanter Volumseinheit,

r_W, ist die abhängige Variable in der Verbrauchsfunktion

$$r_W = \frac{1}{T \cdot V_Z} \, .$$

(27)

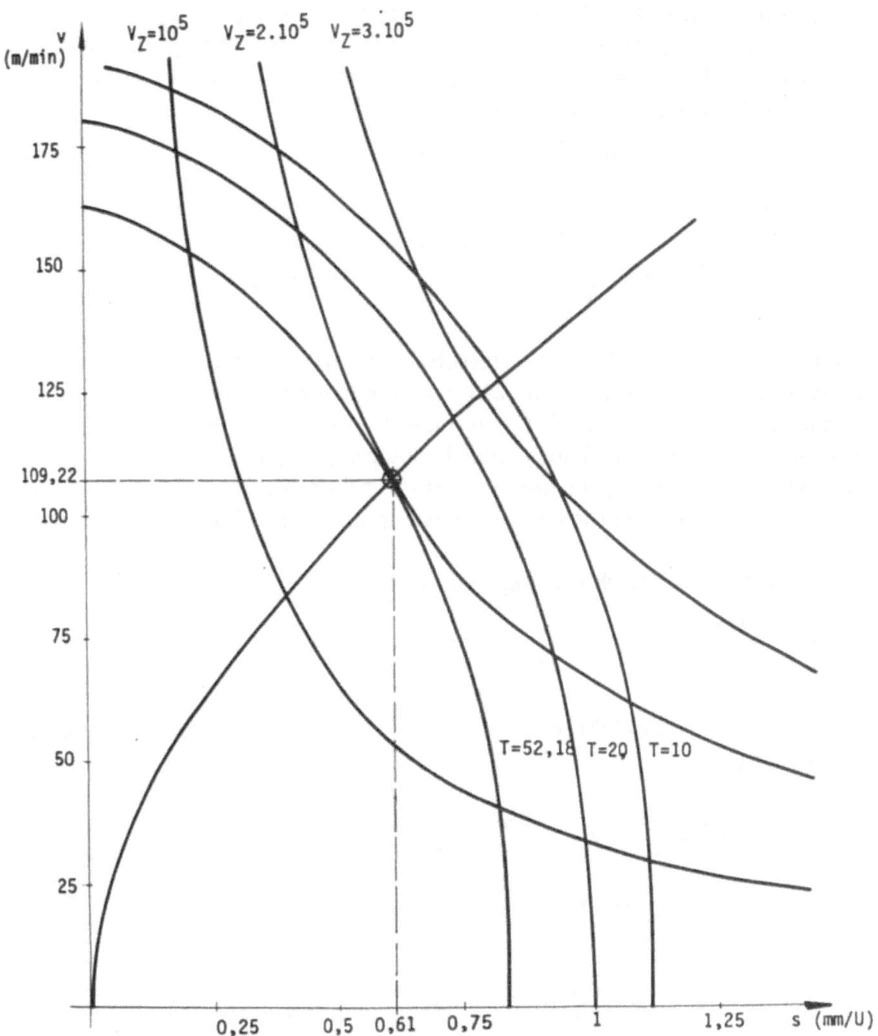

Abb. 5: Minimalkostenkombination des Verschleißfaktors Werkzeug

Die Faktorverbrauchsfunktion oder der Produktionskoeffizient wird dann erhalten als

$$r_W = \frac{1/T}{V_Z} = \frac{e^{(k_v v^m/m + i_s s^v/v - c)}}{1000\, avs} \qquad \text{(Anzahl der Schneiden/mm}^3\text{)}.$$

(28)

und gibt den Schneidenverzehr je Outputeinheit (mm³ zerspantes Volumen) in Abhängigkeit von der Intensität des Prozeßablaufes, also der Zerspangeschwindigkeit V_Z, an.

Diese Gleichungen bilden die Grundlage für die Planung des Mengengerüstes für den Werkzeugverzehr.

Zur Bestimmung der optimalen Intensität der Werkzeugnutzung wird die monetäre Verbrauchsfunktion benötigt. Wir erhalten sie durch Bewertung des Faktorverzehres mit den Preisen (Kosten) des Faktoreinsatzes. Im Falle der Werkzeugschneiden wurden die einzusetzenden Kosten je Schneide mit K_{WGT} festgestellt (siehe (12)). Die monetäre Verbrauchsfunktion hat damit folgendes Aussehen:

$$r_w K_{WGT} = \frac{K_{WGT}\, e^{(k_v v^m/m + i_s s^v/v - c)}}{1000\, avs} =$$

$$= \frac{K_{WGT}\, e^{(k_v v^m/m + i_s s^v/v - c)}}{V_Z} \qquad (S/mm^3). \tag{29}$$

Mit Hilfe der Gleichung für Produktionsgeschwindigkeit (14) und für den Expansionspfad der Produktionsgeschwindigkeit (21) kann die monetäre Verbrauchsfunktion auf eine unabhängige Variable, nämlich V_Z, reduziert werden. Dem zugrunde liegt als Effizienzkriterium, daß zur Erfüllung einer Produktionsaufgabe, gleich bei welcher Produktionsgeschwindigkeit V_Z, nur Einstellwerte v und s gewählt werden, die auf der Expansionslinie liegen und damit jeweils den kostenminimalen Schneidenverzehr garantieren.

Setzt man die Gleichung für den Expansionspfad (21)

$$v = \left(\frac{s_i}{k_v} \right)^{1/m} s^{v/m}$$

in die Gleichung für die Produktionsgeschwindigkeit (14) ein, so erhält man für den Vorschub s über (23)

$$V_Z = 1000\, a \left(\frac{s_i}{k_v} \right)^{1/m} s^{(v+m)/m} \; .$$

$$s = \left(\frac{V_Z}{1000\, a} \left(\frac{s_i}{k_v} \right)^{-1/m} \right)^{m/(v+m)} . \tag{30}$$

Nachdem zuerst (21) und dann (30) in den Zähler von (14) eingesetzt worden ist, wird für die monetäre Verbrauchsfunktion folgende Gleichung erhalten (S/mm³).

$$r_w K_{WGT} = \frac{K_{WGT}\, e^{(i_s (V_Z (i_s/k_v)^{-1/m}/1000a)^{mv/(m+v)}(v+m)/mv - c)}}{V_Z} . \tag{31}$$

Diese Gleichung für die monetäre Verbrauchsfunktion des Verschleißfaktors Werkzeug ist nur mehr von V_Z abhängig und gewährleistet die Berücksichtigung der „Minimalkostenkombination" für die Aktionsparameter v und s hinsichtlich des Schneidenverbrauchs.

Graphisch ergibt sich für die Werte aus dem Zahlenbeispiel und für $K_{WGT} = 10$ S/Standzeit das Bild einer konvexen Funktion mit einem eindeutigen Minimum (siehe Abb. 6).

Leiten wir Gleichung (31), die variablen Durchschnittskosten des Werkzeugverschleißes nach V_Z ab, erhalten wir ein Minimum an der Stelle

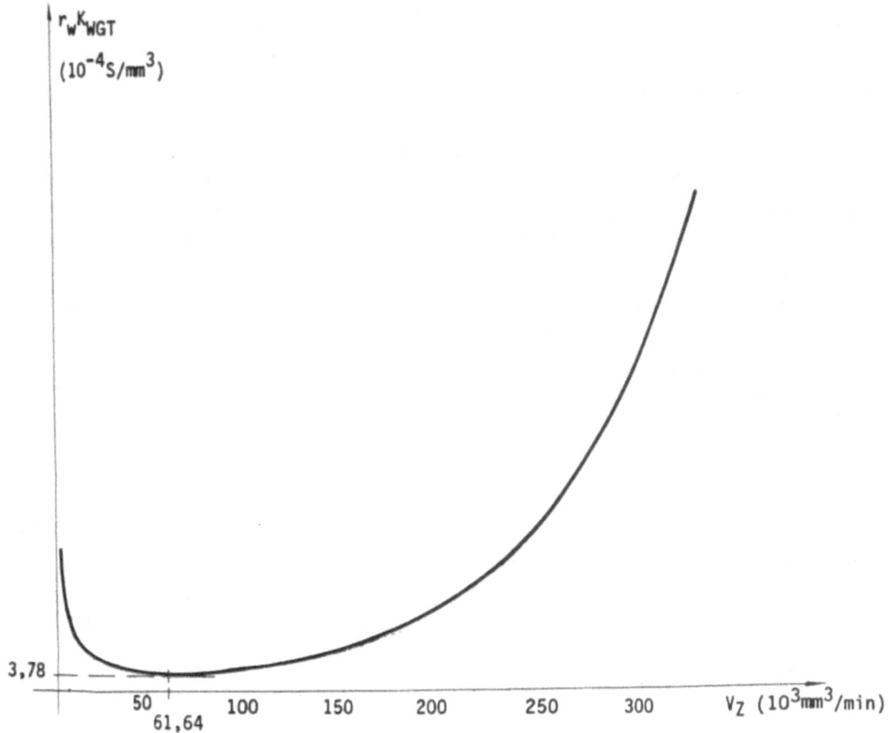

Abb. 6: Monetäre Verbrauchsfunktion des Verschleißfaktors Werkzeug

$$\bar{V}_Z = \frac{1000\,a}{i_s^{1/v} \cdot k_v^{1/m}} \cdot \tag{32}$$

Setzen wir die Zahlen unseres Beispiels ein, so liegt das Minimum bei $V_Z = 61\,640$ mm³/min mit $3,7845 \cdot 10^{-4}$ S/mm³. Weiters erhalten wir aus Gleichung (23) für den Vorschub $\bar{s} = 0,2887$ mm/U und aus $V_Z = 1000\,asv$ die Schnittgeschwindigkeit $\bar{v} = 71,17$ m/min, die zur Realisierung dieses Kostenminimums notwendig sind. Natürlich könnte auch $\bar{V}_Z = 61\,640$ mm³/min auch mit anderen Einstellwerten für v und s realisiert werden, aber dann würde das Kostenminimum nicht erreicht werden, da nur die errechnete Kombination am Expansionspfad, der durch Gleichung (21) dargestellt ist, liegt. Setzen wir die Werte für $\bar{s}$ und $\bar{v}$ in Gleichung (7), die Standzeitgleichung, ein, erhalten wir für die Standzeit $T = 428,67$ min.

A4 Verschleißfaktor Hauptspindellagerung

Wälzlager werden zur Lagerung von Hauptspindeln im allgemeinen den Gleitlagern vorgezogen, da sie wesentlich robuster sind und die Genauigkeitserfordernisse (Rundlauf) heute auch bereits mit Wälzlagern erreicht werden. Die Lebensdauer von Wälzlagern wird einerseits durch Materialermüdung begrenzt und andererseits durch Erreichen eines Lagerspieles, das im Hinblick auf die Dauergebrauchserfordernisse nicht mehr toleriert werden kann.

Was die Wartungsintensität von Wälzlagern betrifft, kann ganz allgemein festgestellt werden, daß sie in den meisten Fällen nicht frei wählbar ist, sondern oft durch den Verbund mit anderen Bauteilen gegeben ist. So werden die Wälzlager der Hauptspindel vom Getriebeöl des Spindelstockes geschmiert, und zwar aufgrund konstruktiver Gegebenheiten des Getriebeaufbaues oft in einem völlig ausreichendem Maße. Die Wartungsintervalle sind daher durch das Ölwechselintervall des Getriebes gegeben und können für das Verschleißsystem Wälzlager hier als konstant vorgegeben werden. Analog gilt dies auch für fettgeschmierte Wälzlager mit „Fett for life" Füllungen, die nie gewechselt werden.

Wie empirische Untersuchungen zeigen [*Eschmann*], wird die Gebrauchsfähigkeit von Wälzlagern an Werkzeugmaschinen im wesentlichen durch den Verschleiß bestimmt und nicht durch Materialermüdung. Begründet ist dies durch eine Überdimensionierung der Lager, hervorgerufen durch geometrische Erfordernisse zur Erreichung einer bestimmten Steifigkeit der Spindel, um unerwünschte Schwingungen vom Zerspanungsprozeß fernzuhalten.

Damit steht fest, daß zur Ableitung einer Verbrauchsfunktion für Wälzlager von Werkzeugspindeln nicht von der in den Kugellagerkatalogen der Wälzlagerhersteller geforderten Dimensionierung auf Ermüdung ausgegangen werden kann.

Detzer [1964] hat aufgrund radiometrischer Verschleißuntersuchungen ein Potenzgesetz für den Verschleißverlauf bei konstanten Belastungs- und Wartungsverhältnissen abgeleitet (Abb. 7).

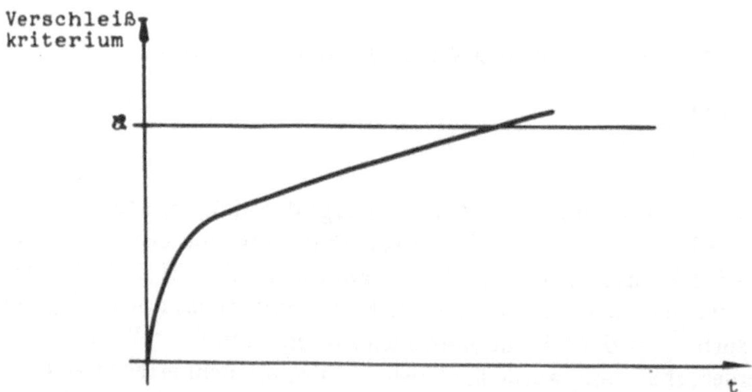

Abb. 7: Verschleißverlauf nach Detzer

Das Verschleißgesetz von Detzer lautet

$$V_g = at^b \tag{33}$$

bzw. für die untersuchten Lager

$$V_g = 0,86\, t^{0,271}. \tag{34}$$

Darin bedeuten V den Verschleiß in 10^{-5} g (Gramm) und t die Laufzeit, während a und b vom Tribosystem abhängige, empirisch ermittelte Konstante sind.

Eschmann [1971] hat ebenfalls den Verschleißverlauf von Wälzlagern untersucht, und zwar an 100.000 Lagern, die im praktischen Einsatz standen. Nach einer Klassifizierung a bis k der Ergebnisse hinsichtlich Einbaustelle, Art der Schmierung, Abdichtung, Umwelteinflüsse, etc. wurden Verläufe gefunden, die ebenfalls einem Potenzgesetz, in der Art wie es Detzer abgeleitet hat, entsprechen (Abbildung 8).

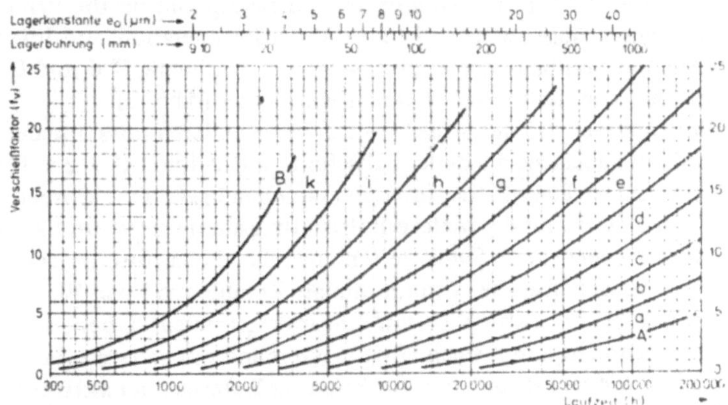

Abb. 8: Klassifikation der Verschleißintensität nach Untersuchungen in der Praxis

Den Verschleißfaktor f_V berechnet man nach Eschmann aus

$$f_V = V_S/e_0 \tag{35}$$

worin e_0 eine von der Lagerbohrung abhängige Lagerkonstante ist (siehe Abb. 8) und V_S der Verschleiß, gemessen als Spielvergrößerung im Lager in μm.

Bei der Interpretation von Abbildung 8 bzw. bei einem Vergleich der dargestellten Verschleißverläufe für eine bestimmte Beobachtungsklasse mit dem Verschleißgesetz von Detzer ist zu beachten, daß auf der Abszisse der Logarithmus der Lebensdauer aufgetragen wurde, was sich graphisch in einem konvexen Bild niederschlägt, während das Verschleißgesetz von Detzer wegen $b < 1$ einen konkaven Verlauf nimmt.

Daraus ergibt sich optisch eine Diskrepanz zwischen den beiden Untersuchungsergebnissen, die real in diesem Ausmaß nicht vorhanden ist, da Eschmanns Ergebnisse im rein kartesischen Koordinatensystem ebenfalls einen konkaven Verlauf zeigen würden.

Wir gehen vom Verschleißgesetz Detzers aus und ermitteln daraus die Lebensdauer eines Lagers bei gegebenem Verschleißkriterium $V_g = $ x. Wir erhalten

$$t = \left(\frac{x}{a}\right)^{1/b} \tag{36}$$

oder für das Regenerationsintervall $y = 1/t$

$$y = \left(\frac{a}{x}\right)^{1/b} \tag{37}$$

einen konstanten Wert.

Der Einfluß der Belastung auf den Verschleiß wurde in Detzers Untersuchung nicht variiert und in Eschmanns Erhebungen nicht explizit erfaßt. Aus der Analyse der Verschleißursachen in den beiden zitierten Arbeiten geht aber hervor, daß eine Analogie zum Gleitverschleiß besteht, da zwischen Wälzkörpern und Laufringen kleine Gleitbewegungen auftreten. Im Prinzip gelten damit wieder hinsichtlich der Variation von Wartung und Belastung dieselben Gesetzmäßigkeiten, wie sie im Gleitverschleiß in den Abschnitten II.2.1 und II.2.2 aufgezeigt wurden. Ausgangspunkt für die Ermittlung der funktionalen Zusammenhänge zwischen Intensität der Regeneration und Intensität der Wartung einerseits und Leistung andererseits, wie sie in Abbildung II.6 und II.10 dargestellt wurden, ist aber nun das Verschleißgesetz von Detzer (Abb. 7).

Da wir für die Wälzlager also der Struktur nach keine anderen funktionalen Abhängigkeiten zu erwarten haben, als die in den Abschnitten II.2.1 und II.2.2 aufgezeigten und in Abschnitt II.2.3 zu einer Ertragsfunktion zusammengefaßten, können wir die dort erhaltenen Funktionen für die weitere Betrachtung übernehmen und auf eine nochmalige Herleitung verzichten. Somit gelten auch die in den Abschnitten II.3.1 und II.3.2 gemachten Aussagen über die kostenminimale Kombination von Wartung und Regeneration bei gegebener Leistung. Da wir eingangs festgestellt haben, daß die Wartung bei Wälzlagern zumeist durch einen Wartungsverbund mit anderen Bauteilen vorgegeben ist, erhalten wir als Faktoreinsatzfunktion für Wälzlager bei aktiver Dauergebrauchsgenauigkeitsrestriktion

$$y = a + b/(x = \text{const.} + c)^m + ez^n \tag{38}$$

und nach Multiplikation mit r, den Regenerationskosten für die Hauptspindellagerung, die monetäre Faktoreinsatzfunktion

$$ry = (a + b/(x = \text{const.} + c)^m + ez^n)\, r. \tag{39}$$

Für eine inaktive Dauergebrauchsrestriktion würde wegen $x =$ konstant y aus Gleichung (II.26) für $\lambda = 0$ erhalten werden.

$$y = (pk\,(\alpha + \beta/(x + c)^m + \varepsilon z^n)/2r)^{1/z}. \tag{40}$$

Dieser Fall dürfte jedoch für die Praxis wegen der sehr hohen Regenerationskosten einer Hauptspindellagerung weniger relevant sein.

Die hier dargestellten Regenerationsfunktionen für Wälzlager enthalten als unabhängige Variable die von der Lagerung übertragene Leistung z. Wie in der Einleitung zum Anhang bereits aufgezeigt, besteht ein Zusammenhang zwischen der in physikalischen Maßstäben gemessenen Leistung z und der im produktionstheoretischen Sinne verwendeten Leistung V_Z, dem Zeitspanvolumen.

Da nun die Schnittleistung P_Z auch die Leistung ist, die unmittelbar die Lagerbelastung bestimmt, also $z = P_Z$ gilt, kann in den vorstehenden Gleichungen z durch P_Z ersetzt werden.

Beachten wir dazu noch Gleichung (6), können wir die Verschleißfaktoreinsatzfunktion für den relevanten Fall der aktiven Dauergebrauchsgenauigkeitsrestriktion als Funktion mit der abhängigen Variablen V_Z darstellen. Dabei können wegen $x = $ konstant die beiden ersten Terme zu einer Konstanten a_L zusammengefaßt werden und wir erhalten

$$y_L = a_L + e_L V_Z^n \qquad (41)$$

wenn wir $e\,(k_S/6120)^n = e_L$ setzen (siehe Gleichung (6)). Der Index L steht dabei für (Wälz-)Lager. Um die monetäre Verbrauchsfunktion zu erhalten, ist dann Gleichung (41) mit r_L zu multiplizieren und durch V_Z zu dividieren.

$$\frac{r_L y_L}{V_Z} = \frac{r_L a_L}{V_Z} + r_L e_L V_Z^{n-1} \qquad (S/mm^3). \qquad (42)$$

Wartungskosten würden im Falle der Hauptspindellagerung wegen des Wartungsverbundes mit dem Hauptspindelstock keine anfallen.

Das Minimum für Gleichung (42) wird nach Differentiation nach V_Z und Nullsetzen erhalten.

$$-\frac{r_L a_L}{V_Z^2} + r_L e_L V_Z^{n-2} \, (n-1) = 0$$

$$\bar{V}_Z = \left(\frac{a_L}{e_L \, (n-1)} \right)^{1/n} \qquad (mm^3/min)$$

A5 Verschleißfaktor Gleitführung

Gleitführungen sind im Werkzeugmaschinenbau noch immer am verbreitetsten. Als Gleitwerkstoffe für Führungsbahn und Werkzeugschlitten sind im wesentlichen Eisenwerkstoffe, Gußeisenlegierungen, Stahl oder Thermoplaste für die Führungsbahnen und verschiedene Bronzelegierungen für die Gegenstücke im Gebrauch. Wälzführungen scheinen sich bisher noch nicht allgemein durchsetzen zu können.

Die Sanierung einer bestimmten Gleitpaarung wird erforderlich, wenn ein gewisses Spiel auftritt, das mit den Genauigkeitsanforderungen, die an eine Maschine für die Erfüllung bestimmter Produktionsaufgaben gestellt sind, nicht mehr vereinbar ist (Dauergebrauchsgenauigkeitskriterium). Die Ableitung der zum Spiel führenden Verschleißprozesse und der daraus resultierenden Verschleißfaktoreinsatzfunktion für Gleitführungen ist bereits in Abschnitt II.2, dem ja die diesbezüglichen empirischen Arbeiten von Opitz als Grundlage unterlegt wurden, ausführlich durchgeführt worden, so daß einer Übernahme der Ergebnisse nichts im Wege steht.

Gleitführungen im Werkzeugmaschinenbau sind zweifellos zu wartende Systeme, d.h. es hat eine regelmäßige Schmierung zu erfolgen und es sind geeignete Maßnahmen zu treffen, die verhindern, daß Verunreinigungen aus dem Zerspanungsprozeß zwischen die Gleitpartner gelangen können und dort unzumutbar hohen Verschleiß bewirken. Trotzdem wird Verschleiß auftreten, da einerseits die Abdeckung der Führungsbahnen gegen Verunreinigungen von außen nie vollkommen sein kann und andererseits beim Zusammenbrechen des Schmierfilmes zwischen den Gleitpartnern ein sogenannter Mischreibungszustand gegeben ist, der ein gegenseitiges Abreiben der Elemente und damit Verschleiß zur Folge hat. Theoretisch dürfte ja bei ausreichend geschmierten Gleitpaarungen ab einer bestimmten Gleitgeschwindigkeit wegen der Ausbildung des hydrodynamischen Schmierkeiles keine Berührung der Gleitflächen erfolgen und damit auch kein Verschleiß entstehen.

Die Betriebebedingungen von Werkzeugmaschinen sind aber dadurch gekennzeichnet, daß sehr oft mit verschiedenen Vorschub- und Zustellgeschwindigkeiten Schlitten entlang der Gleitführungen über relativ kurze Strecken verfahren werden müssen. Damit kann zwischen den Gleitpartnern ein tragfähiger Schmierkeil aufgebaut werden, so daß praktisch immer im Zustand der Mischreibung gearbeitet wird.

Neuere Arbeiten haben sowohl für metallische als auch für kunststoffbeschichtete Gleitbahnen gezeigt, daß ein Einfluß der Verschleißgeschwindigkeit auf den Verschleißprozeß bei gegebenem Schmierungszustand kaum gegeben ist. Der Verschleiß zeigt mit steigender Geschwindigkeit nur dann eine fallende Tendenz, wenn es gelingt, die Geschwindigkeit so anzuheben, daß von der Mischreibung allmählich in den Zustand der Flüssigkeitsreibung durch Ausbildung eines verbesserten Schmierkeils übergegangen wird. Innerhalb stabiler Reibungszustände wird der Verschleißverlauf wesentlich von der Flächenpressung, das ist die zwischen den Gleitpartnern auftretende spezifische Belastung, bestimmt [*Krause/Tackenberg; Erhard/Strickle*].

Damit kann zur Beschreibung eines Verschleißprozesses von einer durchschnittlichen Gleitgeschwindigkeit, die aus der Beobachtung der realen Bewegungsverhältnisse über einen hinreichend langen Zeitraum ermittelt wurde, ausgegangen werden. Dies kommt uns insofern entgegen, als eine genaue Erfassung der Gleitgeschwindigkeit nur in Sonderfällen mit vertretbarem Aufwand möglich ist.

Für die Beschreibung des Verschleißprozesses ist also die Flächenpressung, p, das ist die spezifische Belastung, die zwischen den Gleitflächen auftritt, der relevante Parameter. Damit kann auch hier auf eine lineare Beziehung zwischen p und der vom Tribosystem zu übertragenden Leistung z abgestellt werden (siehe auch Abschnitt II.2).

Wir befassen uns nun mit der Ableitung der Flächenpressung aus dem zur Erfüllung einer Produktionsaufgabe notwendigen Zeitspanvolumen V_Z bzw. der Zerspanleistung P_Z.

Nach Kombination von Gleichung (II.14) und Gleichung (6) erhalten wir zunächst die Schnittkraft F_S

$$F_S = V_Z k_S / 6120 \, v. \tag{43}$$

Diese Schnittkraft muß nun entsprechend den konstruktiven Verhältnissen für einen gegebenen Drehdurchmesser auf die beiden Führungsbahnen aufgeteilt werden, was nach den Gesetzen der Mechanik leicht möglich ist. Wir verzichten jedoch auf die Darstellung dieses speziellen Rechenvorganges und gehen im weiteren vom Quotienten aus anteilig einer Seite der Führungsbahn zugerechneter Schnittkraft und Berührungsfläche zwischen den Gleitpartnern aus. Dieser Quotient ist die Flächenpressung p. Zur Beschreibung des Verschleißprozesses ziehen wir natürlich das höhere p heran, da dort die Führungsbahn am schnellsten verschlissen wird, eine Regeneration jedoch immer die gesamte Führungsbahn umfaßt. Wenn wir nun alle konstanten Werte für die Umrechnung der Schnittkraft in die relevante Flächenpressung zu einer Konstanten $\bar{f}$ zusammenfassen, erhalten wir p als Funktion von V_Z und der Schnittgeschwindigkeit v

$$p = \bar{f} V_Z / v. \tag{44}$$

Zur Beschreibung des Führungsbahnverschleißes wollen wir uns auf jene Ergebnisse aus Abschnitt II.3.2 stützen, die für zu wartende Verschleißfaktoren bei aktiver Dauergebrauchsgenauigkeitsrestriktion gelten, da diesem Fall die größte praktische Bedeutung zukommt. Es sind die Gleichungen (II.29) für die Wartungsintensität und für die Regenerationsfrequenz:

$$x = (rmb/q)^{1/(m+1)} - c$$

$$y = ez^n + a + b/(rmb/q)^{m/(m+1)}.$$

Ersetzen wir in obiger Gleichung z durch den Ausdruck für p aus Gleichung (44), was ja wie oben gezeigt wurde, bei den gegebenen Bewegungs- und Reibungsverhältnissen leicht möglich ist, erhalten wir, wenn wir wieder alle Konstanten soweit wie möglich zusammenfassen, als Faktoreinsatzfunktion für die Gleitführungen (Index G)

$$y_G = e_G (V_Z/v)^n + a + b/(rmb/q)^{m/(m+1)}. \tag{45}$$

Die monetäre Verbrauchsfunktion wird wieder nach Multiplikation mir r, den Regenerationskosten für die Führung, und nach Division durch V_Z erhalten

$$\frac{ry_G}{V_Z} = \frac{re_G (V_Z/v)^n + ar + (br)^{1/(m+1)}/(m/q)^{m/(m+1)}}{V_Z} \quad (\text{S/mm}^3). \tag{46}$$

Die Problematik für die Aggregation, die sich daraus ergibt, daß in den Gleichungen (45) und (46) neben V_Z auch noch v, die Schnittgeschwindigkeit, als unabhängige Variable auftaucht, wird im nächsten Abschnitt diskutiert.

Die monetäre Faktoreinsatzfunktion für die Wartung der Gleitführung wird wieder nach Multiplikation von (II.29) mit dem Preis für einen Wartungsakt erhalten und hängt entsprechend dem Ergebnis von Abschnitt II.3.1 nicht von V_Z ab.

$$qx = q^{m/(m+1)} (rmb)^{1/(m+1)} - qc. \tag{47}$$

A6 Aggregation der Verschleißfaktorverbrauchsfunktionen

Ziel der Aufstellung einer aggregierten Verschleißfaktorverbrauchsfunktion ist die Darstellung der Kosten des Verschleißes (Regenerationskosten und Wartungskosten, so sie von der Intensität der Nutzung abhängen) relevanter Verschleißfaktoren in Abhängigkeit von einer kostenbestimmenden Einflußgröße, der Produktionsgeschwindigkeit (Intensität der Nutzung). Werden für alle Verschleißsysteme einer Anlage Verschleißfaktorverbrauchsfunktionen erstellt, so wird daraus durch Aggregation eine vollständige Potentialfaktorverbrauchsfunktion erhalten. Da die Einbeziehung aller Verschleißfaktoren einer Anlage in die Analyse aus Gründen der Praktikabilität eher unwahrscheinlich ist, verzichten wir auf die Bezeichnung Potentialfaktorverbrauchsfunktionen für aggregierte Verschleißfaktorverbrauchsfunktionen. Nach Aggregation mit den Repetierfaktorverbrauchsfunktionen der ebenfalls am Produktionsprozeß beteiligten Repetierfaktoren wird die Ermittlung der optimalen Intensität des maschinellen Produktionsprozesses möglich.

Für den Werkzeugverschleiß und den Verschleiß der Hauptspindellagerung ist die Formulierung von Verbrauchsfunktionen mit nur einer unabhängigen Variablen, dem maschinenspezifischen Output, in den vorstehenden Abschnitten auch gelungen. Bei der Einbeziehung des Verschleißes von Gleitführungen ergibt sich nun das Problem, daß in der Verbrauchsfunktion neben der Produktionsgeschwindigkeit auch noch die Schnittgeschwindigkeit als unabhängige Variable auftritt. Die optimale Schnittgeschwindigkeit wird also nicht durch den Werkzeugverschleiß allein bestimmt, sondern auch durch den Verschleiß für Führungsbahnen.

Das bedeutet, daß die Optimierung des Werkzeugverschleißes und des Führungsbahnverschleißes simultan in einem Modell zu erfolgen hat. Faßt man aber die Werkzeugverschleißfunktion nach dem Depiereux'schen Kriterium mit der Verschleißfunktion für die Gleitführung zu einem Ansatz zusammen, so erhält man nach Differentiation nach v und Nullsetzen eine Exponentialgleichung, die nur durch ein Näherungsverfahren, aber nicht analytisch lösbar ist.

Es stellt sich nun die Frage, ob ein derart komplexer Ansatz sinnvoll ist oder ob eine andere Vorgangsweise denkbar ist, die ebenfalls zu einem, wenn schon nicht exakten Ergebnis, so doch zu einer akzeptablen Lösung dieses Aggregationsproblems führt. Zunächst untersuchen wir, wie sich die aus dem Werkzeugverschleiß ermittelte optimale Schnittgeschwindigkeit unter der Einbeziehung des Einflusses des Führungsbahnverschleißes ändern würde. Die Tendenz der Verschiebung kann leicht eingesehen werden.

Da der Führungsbahnverschleiß von der Schnittkraft abhängt, $F_S = ask_S$, ist leicht zu ersehen, daß zur Bewältigung eines bestimmten Zeitspanvolumens $V_Z = 1000\,avs$ zur Minimierung des Führungsverschleißes die maximale Schnittgeschwindigkeit zu wählen ist, da dann der Spanquerschnitt $a \cdot s$, der für die Schnittkraft bestimmend ist, minimiert wird. Bei Einbeziehung des Verschleißes von Gleitführungen wird sich die optimale Lösung für die Schnittgeschwindigkeit nach oben verschieben.

Wir müssen nun abschätzen, ob diese Veränderung so gravierend ist, daß der oben diskutierte simultane Ansatz gerechtfertigt ist. Um diese Frage zu beantworten, betrachten wir die Regenerationsintervalle für die betroffenen Verschleißsysteme. Die Standzeit für den Werkzeugverschleiß beträgt in aller Regel höchstens wenige Stunden, in unserem Beispiel wurde als optimale Lösung 429 Minuten erhalten. Gleitführungen erliegen aber erst nach durchschnittlich 5–7 Jahren soweit dem Verschleiß, daß ein Dauergebrauchsgenauigkeitskriterium verletzt wird. Ohne nun hier an dieser Stelle die Abzinsung der Regenerationskosten explizit in die Rechnung einzuführen, kann daraus geschlossen werden, daß wir keinen großen Fehler machen, wenn wir die optimale Schnittgeschwindigkeit als nur durch den Werkzeugverschleiß allein bestimmt ansehen. Der Fehler, der dabei gemacht wird, besteht darin, daß nun nicht das theoretisch erreichbare Minimum des Führungsbahnverschleißes in die Faktorkombination eingeht, sondern ein geringfügig höherer Wert, der durch die im Hinblick auf die Minimierung der Werkzeugkosten erhaltenen Schnittgeschwindigkeit bestimmt ist.

Zur Bestimmung der monetären Verbrauchsfunktion des Führungsbahnverschleißes setzen wir für v daher den aus der Optimierung des Werkzeugverschleißes erhaltenen Wert ein. Aus der Gleichung für den Expansionspfad des Werkzeugverschleißes (21) und wegen $V_Z = 1000\,avs$ erhalten wir für v

$$v = (V_Z/1000\,a)^{n/(n+m)}\,(i_s/k_v)^{1/(n+m)}. \tag{48}$$

Setzen wir diesen Ausdruck für v in Gleichung (46) ein, erhalten wir als monetäre Verbrauchsfunktion für den Verschleiß der Gleitführungen

$$\frac{{}^{ry}G}{V_Z} = \frac{{}^{re}G}{(i_s/k_v)^{n(m+v)}}\,(1000\,a)^{vm/(v+m)}\,V_Z^{(mn-m-v)/(v+m)} + \tag{49}$$

$$+\frac{a}{V_Z} + \frac{(br)^{1/(m+1)}}{(m/q)^{m/(m+1)}\,V_Z} \qquad \text{(S/mm}^3\text{)}$$

und die minimalen Verschleißkosten, wenn wir die Konstanten im Koeffizienten von V_Z im ersten Term zusammenfassen und mit k bezeichnen, an der Stelle

$$\bar{V}_Z = \left(\frac{a}{k} + \frac{(br)^{1/(m+1)}}{rk\,(m/q)^{m/(m+1)}}\right)^{(v+m)/(m+n)} \tag{50}$$

Wir haben somit für den Potentialfaktor Drehmaschine für drei ausgewählte Verschleißfaktoren die Verbrauchsfunktion in Abhängigkeit von nur einer kostenbestimmenden Variablen, der Produktionsgeschwindigkeit, gemessen durch den maschinenspezifischen Output je Zeiteinheit, dargestellt. Die aggregierte Verschleißfaktorverbrauchsfunktion kann nun durch Addieren der einzelnen monetären Verbrauchsfunktionen für Werkzeuge (31), Hauptspindellagerung (42) und Gleitführung (49) erhalten werden

$$\frac{K_V}{V_Z} = r_W K_{WGT} + r_L y_L/V_Z + r_G y_G/V_Z \qquad \text{(S/mm}^3\text{)}. \tag{51}$$

In dieser Funktion, auf deren explizite Darstellung wegen der komplexen Struktur hier verzichtet wird (siehe Gleichungen (31), (42) und (49)), kommen neben V_Z als kostenbestimmende Variable noch verschiedene Werkstoffkenngrößen vor. Soweit sie Werkstoffe von Bauteilen betreffen, können sie als unveränderlich angesehen werden. Die Werkstoffkennwerte für Werkzeuge und den Werkstoff des Werkstückes müssen jedoch als Parameter aufgefaßt werden, die je nach den tatsächlichen Faktoreinsätzen für eine bestimmte Produktionsaufgabe zu variieren sind. Die nun vielleicht zu stellende Frage, welche Kombination von Werkzeugstoffen und Werkstückwerkstoffen (so sie nicht durch die Konstruktion vorgegeben sind) im Hinblick auf die Minimierung des Verschleißes zu wählen ist, wird im Rahmen dieser Arbeit nicht untersucht.

Literaturverzeichnis

Bellman, R.: Dynamische Programmierung und selbstanpassende Regelprozesse. München – Wien 1967.

Busse von Colbe, W., und *G. Laßmann*: Betriebswirtschaftstheorie, Band 1: Grundlagen, Produktions- und Kostentheorie. Berlin–Heidelberg–New York 1975.

Chiang, A.C.: Fundamental Methods of Mathematical Economics. 2. Aufl. Tokyo–Düsseldorf–Johannesburg 1974.

Czichos, H.: Die systematischen Grundlagen der Tribologie. Schmiertechnik + Tribologie 24 (5), 1977, 109–113.

Dahmen, U.: Die wirtschaftliche Nutzungsdauer von Anlagen unter der Berücksichtigung von Instandhaltungsmaßnahmen. Meisenheim 1975.

Depiereux, W.-R.: Neues Standzeitkriterium bei spanender Bearbeitung mit hohen Schnittgeschwindigkeiten. Industrieanzeiger 90 (101), 1968, 28–32.

Detzer, K.A.: Radiometrische Verschleißuntersuchungen an axial belasteten Kugellagern. Kerntechnik 6 (10), 1964.

Drinkwater, R.W., und *N.A.J. Hastings*: An Economic Replacement Model. Operational Research Quarterly 18 (2), 1967, 121–138.

Ederer, O.: Die Ermittlung des optimalen Ersatztermines von Anlagen unter Verwendung optimaler Reparaturkostengrenzen. Meisenheim 1980.

Erhard, G., und *E. Strickle*: Gleitelemente aus thermoplastischen Kunststoffen. Kunststoffe 10, 1972, 1–21.

Eschmann, P.: Die Gebrauchsdauer der Wälzlager. Schmiertechnik + Tribologie 3, 1971, 104–113.

Forschungsbericht Tribologie, Bundesministerium für Forschung und Technologie der BRD, T76–38, Bonn 1976.

Gellert, W., H. Küstner, M. Hellwich und *H. Kästner* (Hrsg.): Kleine Enzyklopädie Mathematik. 2. Aufl. Leipzig 1967.

Gutenberg, E.: Grundlagen der Betriebswirtschaftslehre, Erster Band, Die Produktion. 18. Aufl. Berlin–Heidelberg–New York 1971.

Haberstock, L.: Kostenrechnung II, (Grenz-)Plankostenrechnung. 2. Aufl. Wiesbaden 1976.

Hadley, G.: Nichtlineare und dynamische Programmierung. Würzburg–Wien 1969.

Hastings, N.A.J.: The Repair Limit Replacement Method. Operational Research Quarterly 20 (3), 1969, 337–349.

Heinen, E.: Betriebswirtschaftliche Kostenlehre. 5. Aufl. Wiesbaden 1978.

Hotelling, H.A.: General Mathematical Theory of Depreciation. American Statistical Association 20, 1925, 340–353.

Kilger, W.: Produktions- und Kostentheorie. Wiesbaden 1958.

– : Flexible Plankostenrechnung. 7. Aufl. Opladen 1977.

Kistner, K.-P.: Produktions- und Kostentheorie. Würzburg–Wien 1981.

König, W., und *W.-R. Depiereux*: Wie lassen sich Vorschub und Schnittgeschwindigkeit optimieren? Industrieanzeiger 91 (61), 1969, 17–20.

Krause, H., und *W. Tackenberg*: Praxisorientierte Untersuchungen zur Verschleißminimierung hochbeanspruchter ebener Gleitpaarungen. Schmiertechnik + Tribologie 25 (1), 1978.

Luhmer, A.: Maschinelle Produktionsprozesse. Ein Ansatz dynamischer Produktions- und Kostentheorie. Opladen 1975.

– : Fixe und variable Abschreibungskosten und optimale Investitionsdauer – Zu einem Aufsatz von Peter Swoboda. ZfB 50 (8), 1980, 897–904.

Mahlert, A.: Die Abschreibung in der entscheidungsorientierten Kostenrechnung. Opladen 1976.

Männel, W.: Wirtschaftlichkeitsfragen der Anlagenerhaltung. Wiesbaden 1968.

Opitz, H., und *D. Domrös*: 1. Bericht über Untersuchungen des Reibungs- und Verschleißverhaltens von Werkzeugmaschinen-Gleitführungen. Aachen 1966.

– : 2. Bericht über Untersuchungen des Reibungs- und Verschleißverhaltens von Werkzeugmaschinen-Gleitführungen. Aachen 1967.

Opitz, H., und *B. Bongartz*: 3. Bericht über Untersuchungen des Reibungs- und Verschleißverhaltens von Werkzeugmaschinen-Gleitführungen. Aachen 1969.

Pressmar, D.B.: Kosten- und Leistungsanalyse im Industriebetrieb. Wiesbaden 1971.

Rapp, B.: Models for Optimal Investment and Maintenance Decisions. Stockholm–New York–London–Sydney–Toronto 1974.

Röper, B.: Gibt es den geplanten Verschleiß – Untersuchungen zur Obsoleszenshypothese. Göttingen 1976.

Sass, F., Ch. Bouché und *A. Leitner* (Hrsg.): Dubbel's Taschenbuch für den Maschinenbau, Zweiter Band. 11. Aufl. Berlin–Göttingen–Heidelberg 1958.

Schneider, D.: Die wirtschaftliche Nutzungsdauer von Anlagengütern. Köln–Opladen 1961a.

– : Kostentheorie und verursachungsgerechte Kostenrechnung. Zeitschrift für handelswissenschaftliche Forschung, 1961b, 677–707.

– : Grundlagen einer finanzwirtschaftlichen Theorie der Produktion. Produktionstheorie und Produktionsplanung. Hrsg. v. A. Moxter, D. Schneider, W. Wittmann. Köln–Opladen 1966, 337–382.

– : Investition und Finanzierung. 4. Aufl. Opladen 1975.

Schweitzer, M., G.O. Hettich und *H.-U. Küpper*: Systeme der Kostenrechnung. München 1975.

Sethi, S.P.: A Survey of Management Science Applications of the Deterministic Maximum Principle. Applied Optimal Control. Hrsg. v. A. Bensoussan, P.R. Kleindorfer, Ch.-S. Tapiero. Amsterdam–New York–Oxford 1978, 33–68.

Spur, G.: Optimierung des Fertigungssystems Werkzeugmaschine. München 1972.

Smith, V.: Investment and Production. London 1966.

Stepan, A.: Mathematische Modelle und Methoden in den Wirtschaftswissenschaften: Die Optimierungstheorie am Beispiel der Produktionsplanung, Bericht Nr. 77 der Mathematisch-Statistischen Sektion am Forschungszentrum Graz. Graz 1977.

Swoboda, P.: Der Restwertverlauf in seiner Abhängigkeit von den sonstigen Merkmalen einer Investition und sein Einfluß auf den Ersatzbeschaffungszeitpunkt. Zeitschrift für Betriebswirtschaft, 1962, 656–688.

– : Die betriebliche Anpassung als Problem des betrieblichen Rechnungswesens. Wiesbaden 1964.

– : Entscheidungen über Ersatzinvestitionen. Das Wirtschaftsstudium, 1973, 55–60, 106–111.

– : Investition und Finanzierung. 2. Aufl. Göttingen 1977.

– : Kostenrechnung und Preispolitik. 10. Aufl. Wien 1978.

– : Die Ableitung variabler Abschreibungen aus Modellen zur Optimierung der Investitionsdauer. Zeitschrift für Betriebswirtschaft, 1979, 563–580.

Terborgh, G.A.: Dynamic Equipment Policy. New York–Toronto–London 1949.

Uetz, H., und *J. Föhl*: Erscheinungsformen von Verschleißschäden. VDI-Berichte **243**, Düsseldorf 1975.

Wagner, H.M.: Principles of Operations Research. Englewood Cliffs 1969.

Weiß, M.: Ergebnisse von Lebensdaueruntersuchungen. Unveröffentlichter Arbeitsbericht des Instituts für Feinwerktechnik, Abteilung Tribologie, Technische Universität Wien. Wien 1978.

Zeitschrift für Operations Research

Herausgeber

Serie A (Theorie)

K. Neumann, Karlsruhe

Serie B (Praxis)

M. Feilmeier, Braunschweig

Durch Sammlung und Veröffentlichung von Beiträgen aus allen Bereichen des OR dient die ZOR der ständigen Fortentwicklung von quantitativen Methoden in der Betriebswirtschaft und der Zusammenarbeit zwischen Wissenschaftlern und Betriebspraktikern.

Die Beiträge der Serie A — Theorie — sind in erster Linie darauf ausgerichtet, die mathematisch-methodischen Grundlagen des OR zu verbessern und zu erweitern. Dazu dienen Abhandlungen aus verschiedenen Gebieten der Mathematik, so u.a. über Graphentheorie, Warteschlangentheorie, Kombinatorik, Stochastik, Kontrolltheorie, Statistik, System- und Entscheidungstheorie.

Die Beiträge der Serie B — Praxis — befassen sich mit OR-Anwendungen bei konkreten Problemstellungen in Betriebswirtschaft, Verwaltung und Technik. Neben der Darstellung von reinen Optimierungsverfahren nimmt die quantitative Analyse von Zusammenhängen in Wirtschaftsunternehmen breiten Raum ein und verleiht damit der Unternehmensplanung und dem Prozeß der Entscheidungsbildung wesentliche Impulse.

Die Beiträge sind teilweise in englischer, teilweise in deutscher Sprache abgefaßt. Eine Zusammenfassung in beiden Sprachen leitet jeden Beitrag ein. ZOR berichtet ferner regelmäßig über Buchneuerscheinungen zu OR-Themen, die sachverständig kommentiert sind, und informiert über alle wichtigen Tagungen und Veranstaltungen, die für den quantitativ orientierten Leser wichtig sind.

ZOR erscheint 8 x jährlich abwechselnd mit den Serien A und B. Ein getrennter Bezug ist nicht möglich. Der Jahresbezugspreis für Band 25 (1981) beträgt DM 150.— zuzüglich Versandkosten. Frühere Bände sind größtenteils noch lieferbar. Preise auf Anfrage.

 **Physica-Verlag · Postfach 5840 · 8700 Würzburg**